单兵数字化头盔系统与技术

罗　锦◎主编

DIGITAL SOLDIER HELMET SYSTEM AND TECHNOLOGY

北京理工大学出版社
BEIJING INSTITUTE OF TECHNOLOGY PRESS

内 容 摘 要

单兵数字化头盔是提升单兵防弹性能、信息化能力和协同作战能力的关键组件。本书围绕单兵数字化头盔的工程设计，分析了单兵数字化头盔关键技术分支的发展变化与研究重点，全面系统地介绍了单兵数字化头盔涉及的关键技术，主要包括头盔硬件结构设计、显示技术、音频系统技术、探测与采集技术等内容。本书可作为大专院校相关专业的本科生、研究生辅助教材，也可供从事单兵武器装备研制、生产和技术保障的工程技术人员参考。

图书在版编目（CIP）数据

单兵数字化头盔系统与技术／罗锦主编. —— 北京：
北京理工大学出版社，2022.8
ISBN 978 - 7 - 5763 - 1605 - 6

Ⅰ．①单… Ⅱ．①罗… Ⅲ．①数字技术 – 应用 – 防护
头盔 Ⅳ．①TS941.731 - 39

中国版本图书馆 CIP 数据核字（2022）第 152730 号

出版发行／北京理工大学出版社有限责任公司
社　　址／北京市海淀区中关村南大街 5 号
邮　　编／100081
电　　话／（010）68914775（总编室）
　　　　　（010）82562903（教材售后服务热线）
　　　　　（010）68944723（其他图书服务热线）
网　　址／http://www.bitpress.com.cn
经　　销／全国各地新华书店
印　　刷／三河市华骏印务包装有限公司
开　　本／787 毫米 × 1092 毫米　1/16
印　　张／8.25
彩　　插／1　　　　　　　　　　　　　　　　责任编辑／徐艳君
字　　数／190 千字　　　　　　　　　　　　文案编辑／徐艳君
版　　次／2022 年 8 月第 1 版　2022 年 8 月第 1 次印刷　　责任校对／周瑞红
定　　价／49.00 元　　　　　　　　　　　　责任印制／李志强

单兵装备数字化是未来战场士兵的发展趋势。士兵在数字化战场上所使用的单兵系统，是以士兵自身为平台，以作战为核心、信息为主导、保障为基础，集单兵作战、信息、生存、保障等能力于一体的信息化作战系统，通常包括头盔子系统、生命维持子系统、通信子系统、火控子系统、单兵计算机及武器子系统等，可极大地提高士兵在观察、攻击、通信、防护、导航定位等方面的能力，同时也使指挥控制的神经末梢延伸到了战场上的每一个士兵。

世界各国军队在单兵装备数字化领域的研究已经推展了 30 余年，军事强国的相关装备已迭代发展了多种系统或版本，并逐步列装和投入战场应用，取得作战实效，这也激发了人们对这类装备进一步向深度了解的兴趣，更是使世界各国军事人员竞相研究和发展。

在这一装备系统中，综合式多功能头盔系统是关键子系统之一，它通常集防护、通信、观察、监听、定位和显示等多种功能于一体，是单兵数字化装备的重要组成部分，也是融合单兵能力最为复杂的系统。

基于各国单兵数字化装备的发展现状，本书精选了单兵数字化头盔这一综合性系统，着眼于向纵深介绍该类装备与相关技术，以满足信息爆炸时代的官兵、军事爱好者和相关领域人员的学习需求。全书系统梳理了数字化头盔的发展态势，并从头盔的硬件结构设计、显示技术、音频系统技术、探测与采集技术等方面对数字化头盔的关键功能系统与技术进行了较为全面的介绍。

由于单兵装备数字化的研究仍在发展推进当中，新材料、新技术和新型作战理论的发展一直在推动着武器装备的发展，有关技术前沿不一定被穷及。同时也因编著者知识水平有限，对有关装备和技术的研究梳理肯定有不到位、不准确之处，敬请有关专家和读者批评指正。

编　者

2022 年 3 月

目　录
CONTENTS

第 1 章
概　　述

第二次世界大战后，随着装备技术、战争形态和战场环境的发展变化，单兵装备品种越来越多、作战区域越来越大、指挥协同越来越难。特别是冷战结束后，低强度、小规模冲突以及数字化战场下的士兵，已成为非传统军事冲突中的精英，单兵需要更强的任务与生存能力，"信息"跃升为作战指挥、班组协同和单兵作战行动的核心要素，将信息化作战普及单兵个人，为士兵配置数字化单兵系统成为提升单兵作战能力的有效途径。

数字化头盔是单兵系统的关键组件之一，它以防弹头盔为平台，集成了夜视观察、通信互联、传感定位、瞄准显示等多种装置，不仅能抵御子弹、弹片的袭击，还是士兵的"第二大脑"，具有探测感知、信息显示、通信互联、导航定位和指挥控制等多种功能，大大提升了单兵系统的防弹性能、信息化能力和协同作战能力。

1.1　数字化头盔的总体功能结构

随着科学技术的发展，单兵数字化头盔的结构形式在不断变化，但基本的功能结构框架没有发生大的变化，最小化的数字化头盔系统主要包括盔体及视听呈现系统。由于作战人员在战场上的生存能力和作战效力不仅取决于装备和其手中武器的质量，还取决于其对周围情况的掌控程度，因此，数字化头盔还会与无线通信、卫星定位、探测系统、面部防护系统等形成一个与其他装备和谐统一的战斗平台，如图 1-1-1 所示。

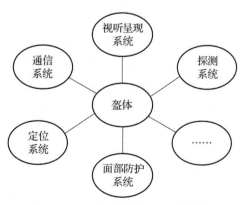

图 1-1-1　数字化头盔的功能结构

1. 盔体

盔体，在为士兵头部提供保护的同时，也作为一个搭载平台用于安装显示系统。作为一个搭载平台，头盔必须提供足够的稳定性来保证士兵的眼睛和显示光学系统之间观察视线的对齐与融合。为了避免发生疲劳，一方面头盔附有配重装置保持重心不变，另一方面采用新型材料降低头盔重量。

2. 探测系统

探测系统为数字化头盔提供形成综合态势感知能力的探测和采集手段，主要包括红外探测、微光夜视等探测技术和装置。红外探测主要是利用光电转换技术实现对夜间目标的探测，根据原理可分为主动式和被动式两种。主动探测是用红外探测发射装置照射目标，接收反射的红外辐射形成图像。被动探测不发射红外线，仅依靠目标自身的红外辐射形成"热图像"。微光夜视技术通过像增强器增强目标反射回来的微光，本身不需要主动光源，是一种被动式成像系统，克服了主动式探测容易暴露的缺点。

3. 视听呈现系统

视听呈现系统是综合系统数字化头盔的重要组成部分，无论前端探测采集到的信息，还是通过指挥系统传达的战场态势、战斗指令，都需要通过视听显示系统呈现出来。视听呈现系统包括音频子系统和显示子系统。

音频子系统为佩戴者提供听觉的音频接口，呈现相关的音频信息，满足士兵对听觉态势感知的需求。音频系统可与头盔结合成一体，但是大多数情况下不必与头盔集成。功能齐全的音频系统需要同时考虑三方面因素，提供音频呈现、通信以及其他音频支持功能，保护听力免受伤害并保持对环境的有效听觉意识。音频子系统通常结合头戴式或者悬臂式的麦克风以提供通话功能。从声音传导呈现可分为气传导和骨传导两种模式。

显示子系统用于满足士兵外部战场态势及系统信息反馈的视觉投射需求，是单兵数字化头盔最核心的组件之一。作为头戴显示器，需要在足够小的物理尺寸，足够高的图像分辨率、亮度等显示参数，足够小的重量和足够小的功耗之间达到平衡。特别是对于单兵头戴显示装置而言，重量和功耗是十分关键的设计要素。随着近年来 AR（增强现实）、VR（虚拟现实）技术的快速发展，结合 AR、VR 技术，提高战场信息获取、态势生成能力，已成为头盔显示系统的重要发展方向之一。

4. 通信系统

数字化头盔作为单兵数字化系统的重要头载平台和数字化战场网络中的重要节点，应当具备接收指挥部门作战命令和下发的战场态势信息、向指挥部门上报采集的情报和其他信息，以及同临近的班组和其他作战平台（节点）之间的通信功能。由于战场环境复杂，数字化头盔通信系统需要融合单兵电台、卫星通信、基站通信等多种通信手段，形成一个多网并行、择优自动选网的响应机制，克服复杂战场环境下通信系统面临着的抗阻挡、超视距、动中通难题，提供稳定、安全的通信支撑，从而保证单兵通信的高可用性、安全性和通信效率。

5. 定位系统

个人信息能力是单兵个体感知和信息共享的能力，是士兵适应战场、协同行动的基础，主要包括探测感知、信息通联和定位导航等能力。数字化头盔的定位系统依托卫星定位技术，可为单兵提供全域定位和路径导航等定位导航功能，满足在复杂战场环境下的连续定位及导航需求。

6. 面部防护系统

面部防护系统通常可以和头盔采取一体式和分体式两种设计模式。前者的面部防护系统与头盔形成一体化的全面防护，能够有效提高防护面积，但是一体化的防护头盔往往会影响到视野范围。后者通过分体式设计，必要时可佩戴或者摘除面部防护系统，能够适应更加复杂的战场环境。通常在步兵战场环境下，多采用分体式设计。面部防护系统的主要防护部位是眼睛和面部，通过配接护目镜和防护面罩，实现面部保护；通过强光防护系统，保护士兵免受激光、强光、闪光等的伤害；通过核化生防护系统，保护士兵免受核辐射和毒害化学物质伤害。

具体而言，单兵数字化头盔的设计，需要通过红外探测、微光夜视等探测装置形成综合的态势感知能力；需要综合耳机、麦克风、头戴显示器等相关设备，便捷、稳定地呈现包括前端探测采集的信息和后方下达的战场态势、战斗指令等视听内容；需要融合单兵电台、卫星通信、基站通信等多种通信手段，克服复杂战场环境，提供稳定、安全的通信支撑。在这些基本的数字化头盔功能模块的设计中，每一个都有工程、感觉、感知、认知和人机工学的考虑，所有这些工程和人为因素的考虑都是相互关联的，因此，需要根据数字化头盔要实现的功能需求和性能要求来进行权衡。开发人员在设计一些新的数字化头盔系统时，往往会为了实现某些特定的功能或增强某一方面的性能，而忽略了这些性能的改进对整个系统和用户感知系统性能的影响。比如，数字化头盔的开发者常常错误地认为，人类视觉和听觉系统完全能够接收数字化头盔系统增加的感觉和认知，而不会导致感知能力下降或引入感知错觉，但实际上，如果数字化头盔干扰了士兵的正常感知过程，就会削弱士兵的态势感知，导致其产生误解或错觉，从而造成灾难性的后果。

本书将根据单兵数字化头盔功能模块划分，对数字化头盔的盔体结构设计、视听呈现系统、探测系统等主要功能模块中涉及的关键技术进行阐述，并从专利态势分析的角度，揭示单兵数字化头盔相关技术的研究热点和方向，以期对单兵数字化头盔的设计研发工作有所帮助。

1.2　数字化头盔的类型

由于数字化头盔是一个复杂的系统，可以基于图像源、图像显示方式和光学设计方法等不同的分类方法进行结构类型的划分。

1. 基于图像源的分类

由光学系统形成的图像可以是真实的，也可以是虚拟的。要形成真实图像，就要让眼睛或相机聚焦的光线扩散得更远，即发散的。例如，当我们直接观察一个真实物体，或观察一个凸透镜的焦平面外聚焦的图像，从图像点发出的光线到达眼睛是发散的，图像是在光学系统之外形成的。如果要让眼睛聚焦的光线更靠近，即聚集在一起，那图像就是虚拟的，例如，采用望远镜或显微镜拍摄的图像，通过凹透镜观察的真实场景等就是虚拟的。

采用真实图像源的数字化头盔设计是极少的，像小型液晶显示器（LCD）这样的直视图像源，要求其位置要远于观察距离，这在数字化头盔的设计中是不实用的。如果将适当的光学元件放置在微型显示器前，使其更靠近眼睛，就可能会使图像变为虚拟图像。但虚拟图像显示可以减少视觉疲劳，通过提供一个虚拟映像，可以使得更多个人在不使用校正光学的情况下使用系统，同时，准直图像还可以减少产生视网膜模糊的振动效果。因此，几乎所有目前配置的数字化头盔都采用虚拟图像源设计。

2. 基于图像显示方式的分类

按照数字化头盔的光学系统显示成像方式，可分为单像源单目镜、单像源双目镜、双像源双目镜三种形式。

单像源单目镜显示方式是单一的像源、单一的光学系统，并只显示给一只眼睛，可以为透视式或遮挡式。其优点是重量轻、体积小；缺点是视场小、出瞳小，存在双目竞争问题和优势眼问题等。目前，有一些数字化头盔使用了此种显示方式，而且为遮挡式，即使用者眼前的组合玻璃不是半透半反，而是全反射，这样使用者眼前的显示图像就不能与外界视景相叠加，而且使用者的视界也受到影响。虽然利用护目镜进行透视式成像可以克服这种缺点，但是人们还是更习惯于双目观察，为此又开发了单像源双目显示系统。

单像源双目镜显示方式是将单一图像通过光学系统显示给两只眼睛。这种设计克服了单目显示带来的双目竞争与优势眼问题，增强了使用效能，但这种显示方式只能用透视式方式成像，即把图像叠加在真实外界视景上，由使用者眼前的组合玻璃将显示图像和外部视景融合。多数情况下，组合玻璃都是针对特定的波长而优选的，即其膜层与图像源的波长相匹配，以提高系统功效。这种单像源双目镜显示并不能增大显示视场，而且与单像源单目镜系统相比有更大的重量和体积，为此，人们又开发出双目叠加的显示光学系统，两个成像画面进行部分叠加以达到增大视场的目的。

双像源双目镜显示方式是使用两个像源和两套光学系统，因而有更重的重量、更大的体积和较高的价格，并且比较复杂，需要特殊的对准和安装调校，而且部分叠加的双目显示也会带来如瞳间距、图像配准和亮度平衡等引起的人眼疲劳和紧张的新问题。但是，双像源双目镜显示器能提供良好的立体和深度感觉，还可以让使用者观察到较高亮度的显示图像。由于使用了两个独立显示器，具有内在余度，因此，使用双像源双目镜显示方式还可增加数字化头盔系统的可靠性。与单像源双目显示方式一样，双像源双目镜显示方式也只能用透视式方式来成像。

3. 基于显示结构形式的分类

按照头盔光学系统的显示结构形式可分为目镜显示结构和护目镜显示结构两种。

目镜显示结构如图 1-2-1（a）所示。图像源产生的图像经过半反半透的专用平面组合镜（目镜）反射后进入人眼，人眼通过目镜观察显示图像。目镜显示结构的优点是光学畸变小，缺点是体积大、重量重，由此带来头盔重心不好以及出瞳距离较短等问题。

护目镜显示结构如图 1-2-1（b）所示。图像源产生的图像经过头盔护目镜反射进入人眼，设有专门的目镜。其优点是结构紧凑、体积小、重量轻、观察舒适，安全性也有很大提高；缺点是光学设计复杂、制造难度大大增加。目前，利用头盔护目镜作为光学系统准直光学元件来实现图像的直接投射已经成为一种趋势，此时，头盔护目镜不仅仅起到防护作用，更重要的是它已成为头盔显示光学系统的一部分，因此，采用护目镜显示结构，对其光学特性的设计显得十分重要，制造精度要求也大大提高。

（a）　　　　　　　　　　　　　　　（b）

图 1 – 2 – 1　两种显示结构

（a）目镜显示结构；（b）护目镜显示结构

1.3　数字化头盔的发展概况

美国陆军在头盔设计上一直处于领先地位。伊拉克战争中，美军陆军特种部队、空军特种部队、海军陆战队侦察部队、第 82 空降师的一个旅等均装备了一种新型军用头盔，即模块化集成通信头盔（Module Integrated Communications Helmet，MICH），如图 1 – 3 – 1 所示。MICH 是数字化单兵的重要标志，可以成倍地提高单兵乃至整个战斗分队的作战效能，以及指挥与控制能力、战场生存能力、野战机动能力和持续作战能力等。MICH 能防御 435 米/秒垂直射入的 9 毫米子弹，它较高的帽檐为士兵提供了更宽阔的视野，头盔的通信系统

图 1 – 3 – 1　美军 MICH

能与特种部队的多个特殊通信平台兼容，包括飞机、快艇和地面机动车辆的对讲系统，还有一些商用与军用的特殊无线电台等。

美军"陆地勇士"头盔提供了弹道防护和通信系统组件，如图 1 – 3 – 2 所示。无线局域网天线安装在头盔里，与士兵在战斗负载背心里携带的 MBITR 电台相连接。电台的通信距离是视线内 1 千米。头盔携带着一种安装在头上的显示系统，这种显示器被安装在士兵占优势的眼睛上，提供指挥控制信息和态势感知。显示器显示的视频来自安装在士兵武器上的日光瞄准器或红外瞄准器，它还能显示己方的卫星地形图，每 30 秒更新一次，士兵能够通过选择步枪枪托上的按键来转换屏幕。"陆地勇士"头盔的控制系统由士兵携带，可与头盔显示器上的菜单进行交互。

图 1 – 3 – 2　美军"陆地勇士"头盔

"陆地勇士"头盔上装有增强型夜视护目镜,可在各种天候和战场致盲条件下为士兵提供增强的机动能力和态势感知信息。该系统覆盖长红外传感器数据到图像增强显示,以创建一张合成图像,合成的图像充分应用了每个传感器的传热力量而克服了单个传感器的不足。

"陆地勇士"头盔重 3 磅①到 3.25 磅,覆盖物采用全伪装模式。头盔由 4 个壳体尺寸和 2 个内衬尺寸决定。升级后,后部以填料加固,防止颈后破片威胁。模块化的护垫悬挂系统增强了钝感爆炸冲击时的保护性能、稳定性和舒适度。头盔的壳体边缘用橡胶加以整理,棉/聚酯料的四点式下颌带允许快速地进行大小调整,包含的颈垫片增强了舒适度和稳定性。

已展出的"陆地勇士新一代"头盔结构是洛克威尔·柯林斯公司 SO35 头盔显示器的变型,它采用了一种夹头式、安装在护目镜上的显示技术,已经与"陆地勇士"系统一起部署到驻伊拉克第 9 步兵团第 4 营。同时,该部队还装备了不妨碍外部设备和双筒望远镜使用的制式"奥克利"防护眼镜。"陆地勇士新一代"采用了电子数据采集设备,连接头盔显示器和其他零件的音频 SVGA 接口和 USB 接口已经被更牢固、更开放的接口替代,该系统可以快速插入一些民用显示器件,这些器件不需要修改就可以和系统互用。"陆地勇士新一代"头盔显示器的用户界面也有所改变。最初的"陆地勇士"使用头盔显示器上的"软键盘",通过系统鼠标从屏幕上输入信息,2006 年在刘易斯堡基地进行的初期试验反馈结果显示,最初的"陆地勇士"用户界面反应慢且难以操纵,系统增加了采用 USB 接口的民用键盘后部署到了驻伊拉克部队。为了使"陆地勇士新一代"显示器适于胸前佩戴,通用动力公司将新型下拉式民用个人数字辅助键盘集成到了"整体式"网络中心子系统中。以色列埃尔比特系统公司已经为"陆地勇士新一代"头盔开发了一种重 20 克的 I – PORT 型 SVGA (800×600) 护目镜显示器。美国微视公司要求通用动力公司为其研发一种可透视的彩色头盔显示器,士兵可以通过利用诸如罗盘这种装置指出敌军的方位。

美军 2003 年推出的先进战斗头盔 (Advanced Combat Helmet,ACH) 是美国陆军的现役战斗头盔,其设计为 MICH 的衍生,由美国陆军士兵系统中心研发,用以取代 1985 年后持续使用的 PASGT 头盔。美军 ACH 如图 1 – 3 – 3 所示。ACH 采用模块式结构,在提高防弹性、稳定性和舒适度的同时保证视觉和听觉效果。头盔壳体采用凯夫拉 (Kevlar) 材料制成,重 2.93 磅 (小号) 到 3.77 磅 (特大号),比老式头盔重量更轻。ACH 可安装外挂式头盔传感器、夜视装置、通信设备和核生化防护设备。以网络为中心的未来部队士兵将以班或班以下小组的规模作战,每个士兵都要装备一套带有昼夜照相机的头盔和装在武器上的瞄准具。这些图像能通过头盔上半英寸②的透视单眼显示器显示,或者显示在掌上电脑终端。图像还能中继到小组的其他成员,便于协调行动。

2011 年,美军推出了增强型战斗头盔 (Enhanced Combat Helmet,ECH)。ECH 的外形设计与 ACH 非常类似,采用超高分子量聚乙烯 (UHMWPE) 材料制成,重量更轻,但是厚度要稍微厚一些,这也让它提供的保护能力有更大的升级。

为了更好地保护士兵在战场上免受头部外伤损伤,2018 年美国陆军又推出了综合头部

① 1 磅 =454 克。
② 1 英寸 =2.54 厘米。

保护系统（Integrated Head Protection System，IHPS），该系统由 3M 子公司 Ceradyne 生产，于 2019 年首次发放给部署到阿富汗、伊拉克和叙利亚等战区的陆军，取代近战部队的 ECH 头盔。美军 IHPS 头盔如图 1 - 3 - 4 所示。为了让士兵更舒适地佩戴通信头戴式耳机，IHPS 头盔采用了中切的外形设计，头部两侧提供了更大空间。IHPS 头盔可通过模块化接口安装防护增强附件，如增强装甲、遮阳板、防弹护目镜以及附着在头盔顶部类似于保护层的"弹道贴花"等。据称，IHPS 头盔比现役头盔轻 5%，同时提供改进的钝器冲击和弹道保护，尤其是在贴有额外的防弹护板的情况下，对于士兵头部的钝性冲击或创伤可提高 1 倍的保护能力。

图 1 - 3 - 3 美军 ACH

图 1 - 3 - 4 美军 IHPS 头盔

俄罗斯方面，为了提高士兵在战场上的存活率和追赶欧美国家数字单兵系统的步伐，决定启动"未来士兵"计划，研发自己的数字单兵系统。"未来士兵"计划分三个阶段执行，第一代"勇士的头盔"单兵系统、第二代"战士 - 2"数字单兵系统和第三代"战士 - 3"数字单兵系统。目前，第二代"战士 - 2"数字单兵系统已列装部队，预计第三代"战士 - 3"数字单兵系统将在 2025 年开始装备俄军部队。第三代"战士 - 3"单兵系统数字化头盔上不仅集成了目标指示系统、显示瞄准系统、通信系统和夜视探测等装置，帮助士兵解决观察、瞄准目标和优化作战方案等难题，为了提高作战性能，还计划在头盔上配备能够远距离致盲敌人的光学设备，包括在敌人佩戴视力保护工具的情况下。俄方"战士 - 3"系统数字化头盔和面罩如图 1 - 3 - 5 所示。

法国士兵系统（FELIN）是欧盟国家中较为优秀和最早正式列装的装备，其研发始于 20 世纪 90 年代初，2010 年首次装备部队。2011 年配装 FELIN 系统的部队派驻阿富汗，至 2016 年共装备约 2 万套。FELIN 防弹头盔能够提供弹道防护，并且与光电子系统结合在一起。头盔有两个使用有机发光二极管（OLED）技术的图像测绘仪，可以在面积为 3 平方厘米的微型显示器上显示出 48 万像素的图像，如图 1 - 3 - 6 所示。士兵还可以借助一个热成像仪在夜里看清东西。FELIN 防弹头盔有一个广角的昼间/夜间照相机，视频的瞄准器允许士兵扩展武器功能，通过拐角进行瞄准，借助安装在冲锋枪上的摄像机，士兵甚至可以改变子弹的行进路线，避免在打击目标的同时暴露自己。头盔的头饰带用骨扩音器，它会通过感觉头骨的振动来聚集语音，骨扩音器能够保证即使在喧闹的战场环境中也为士兵提供很好的话音通信。

图1-3-5 俄罗斯"战士-3"系统数字化头盔和面罩

图1-3-6 FELIN防弹头盔

20世纪90年代，为了提高步兵执行近战任务的能力，英国军方启动了未来一体化士兵技术（Future Integrated Soldier Technology，FIST）计划。FIST计划为每名士兵配备集成了热成像或微光像增强仪，以及电台、GPS等光电设备的综合系统数字化头盔，以提高战场态势感知能力，如图1-3-7所示。FIST头盔可以提供防护功能和战场网络其他要素的操作界面。头盔显示器可以显示战场态势，包括头盔佩戴者位置、友军位置、敌军位置和优先目标位置，以及从武器瞄准镜上下载的图像。

意大利未来单兵系统数字化头盔有两个防护层，一个是破片防护层，另一个是枪弹防护层，如图1-3-8所示。目前，意大利还正在对各种盔体形状进行研究，以使盔体与核化生防护面具相匹配。

图1-3-7 英国FIST头盔

图1-3-8 意大利未来单兵系统数字化头盔

以色列"数字士兵"计划最主要的目标，是让士兵连接进综合信息系统，使他们能够实时发送和接收信息。以色列多米尼克步兵综合作战系统头盔如图1-3-9所示。头盔上装有作战显示器，士兵通过作战显示器可以查阅实时刷新的战场态势，并随时向指挥部发送自己的位置和捕获的图像，还能够根据需要切换显示不同来源的信息。系统可以通过无线局域网在营、连级部队内部传送数据，头盔显示器上可显示地图，地图能随着数字罗盘反馈回的导航线索不断进行更新。

图1-3-9 以色列多米尼克步兵综合作战系统头盔

为了使军用头盔符合现代战争发展的需求，我国也致力于数字化头盔的创新设计，实现了由先前的 QGF02 型芳纶头盔到新型数字化头盔的转变。该头盔充分借鉴了国外先进头盔的设计优点，结合本国士兵的头型特征进行了优化创新：外置式搭载系统采用了积木式设计，装配维护方便快捷；三位耳机调节机构使耳机调节更加方便；从人机工学的角度充分考虑了防噪声耳罩的设计，使耳罩与人耳贴合紧密，不仅佩戴舒适，而且密闭性能好；采用带有快捷可调支架的送话器，使对话装置更加符合人性化设计的要求；同时，采用了噪声隔离技术，语音对话清晰快速，提高了士兵作战的机动性和不同兵种协同作战的统一性。

第 2 章

单兵数字化头盔发展态势分析

单兵数字化头盔涉及新材料技术、光电技术、通信技术、信息处理技术等多种技术领域，具有创新技术多、领域跨度宽、系统集成度高、综合研发难度大等特点。单兵数字化头盔的研发需要充分考虑军民技术的融合，在军事需求的牵引下，充分借鉴、吸取和采纳民用领域的成熟技术。本章从专利分析的角度，对单兵数字化头盔关键技术分支领域的专利申请趋势、申请区域、技术分布等信息进行了分析和梳理，以期使读者对单兵数字化头盔技术的全球专利概况、关键技术的发展变化及未来的研究热点有所了解。

2.1 单兵数字化头盔的技术构成

按照单兵数字化头盔的功能结构和核心技术，单兵数字化头盔的技术构成可分为头盔硬件结构、面部防护系统以及头盔信息系统三个主要技术分支。根据每个技术分支涉及的关键结构及技术要素又可进一步细化分为不同技术方向，每个技术方向包括不同的技术要点，形成表 2 - 1 - 1 所示的单兵数字化头盔技术分解表。

表 2 - 1 - 1　单兵数字化头盔技术分解表

技术分支	技术方向	技术要点
头盔硬件结构	盔体和盔罩	盔体材料、盔形、盔罩伪装、盔罩标识
	悬挂和导轨系统	悬挂系统、导轨系统
	盔内辅助系统	通风散热系统、呼吸循环系统
面部防护系统	强光防护	眼罩和护目镜、遮光板、材料
	破片防护	材料、系统结构
	核生化防护	核防护、化学防护、生物防护
头盔信息系统	探测与采集技术	红外探测、微光夜视
	音频系统技术	骨传导、气传导、噪声防护技术
	头盔显示技术	CRT（阴极射线管）显示、LCD 显示、LED（发光二极管）显示、OLED 显示、光波导显示、AR 技术、VR 技术

技术分支	技术方向	技术要点
头盔信息系统	无线通信技术	单兵电台、卫星通信、基站通信、数据链通信、自组网技术、网络融合
	人机交互技术	手势控制、语音控制、触控交互、眼动控制

1. 头盔硬件结构

头盔硬件结构的设计，是单兵数字化头盔设计的基础工作。在头盔设计过程中，既要考虑到传统战术头盔的防护性能，也要注重头盔整体结构和盔载光电装备配件安装便利性的平衡，这对头盔设计的材质、外形都提出了不同的技术要求。导轨系统的设计，是单兵数字化头盔加载各类附属设备的关键，需要结合不同的战场需求和装备配备，在通用性的基础上，设置更具扩展性的模块化导轨。由于盔载设备的增加，单兵数字化头盔的整体重量和质心，都较传统战术头盔有较大偏转，因此需要结合头部人机工学，针对性地考虑头盔的外形，并设计相应的悬挂系统，从而保证单兵数字化头盔在战场使用环境中的稳固性。考虑到现代战场条件的复杂，以及在核、生、化等危险环境下的作业需求，单兵数字化头盔的设计，还需要考虑到通气散热、呼吸循环等盔内辅助功能的设计。

2. 面部防护系统

面部防护系统是单兵数字化头盔的重要部件。现代战场环境的复杂性决定了士兵需要保持尽可能宽广的视野，因此头盔主体的结构设计，要在扩大防护面积的基础上保证视野范围，必然不能保证头盔形成全面的防护。现代战场环境的极端危险性，如各种强光、破片、核、生、化危害无处不在，又决定了头盔设计必须兼顾战场视野范围和有效面部防护需求，通过面部防护系统提供有效的面部防护补充，补足头盔防护短板。

面部防护系统的主要防护部位是眼睛和面部，通过配接护目镜和防护面罩，可实现面部保护。通过强光防护系统，可保护士兵免受激光、强光、闪光等的伤害；通过核生化防护系统，可保护士兵免受核辐射和毒害化学物质伤害；通过噪声防护系统，可保护士兵免受各类噪声和声波等的影响，保持良好的战斗精神和响应状态。

3. 头盔信息系统

头盔信息系统是单兵数字化头盔最关键和核心的模块。头盔信息系统的研发和设计，一方面要最大化地引入和集成探测采集、视听显示、无线通信、人机交互等各领域的技术，为数字化战场提供综合的态势感知能力、精准的视听呈现能力、安全稳定的通信支撑能力和便捷高效的人机互动效果，另一方面要结合头盔的结构特点和空间制约以及人的感知原理设置各种适用于头盔信息系统的特定结构。

针对上述三个关键技术分支，本书给出了单兵数字化头盔技术全球专利概况，以帮助国内相关研究人员对单兵数字化头盔领域的技术发展变化和竞争格局有一个总体了解。在此基础上，根据单兵数字化头盔行业发展需求，本书确定了头盔硬件结构、头盔显示技术、头盔音频系统技术、探测与采集技术作为关键技术点，对其发展态势进行分析，提出其未来发展建议，并在后续章节中对上述关键技术要点分别进行详细阐述。

2.2 单兵数字化头盔关键技术全球专利总览

根据相关分类号和关键词，结合相关重点申请主体，对单兵数字化头盔的头盔硬件结构、面部防护系统、头盔信息系统技术相关专利进行检索。单兵数字化头盔技术全球历年专利申请数量如图2-2-1所示。

从全球专利申请的技术分支看，目前全球有关单兵数字化头盔技术的专利申请中，半数以上集中在头盔信息系统，头盔硬件结构和面部防护系统所占比例大致相当。

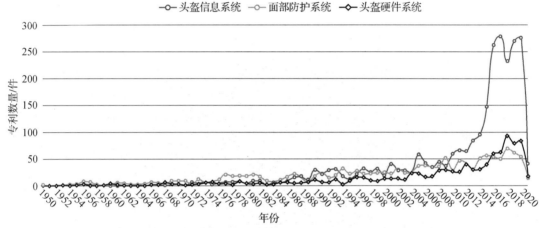

图2-2-1 单兵数字化头盔技术全球历年专利申请数量

从专利申请的技术分支变化趋势看，20世纪50年代至20世纪70年代为单兵数字化头盔技术的萌芽阶段，此时专利申请主要集中在头盔硬件结构和面部防护系统方面；20世纪70年代以后，随着电子信息技术的发展，头盔显示等技术开始逐渐在固定翼和旋转翼飞机上得到应用，头盔信息系统的专利申请开始萌芽；20世纪90年代起，有关单兵数字化头盔技术的专利开始向信息系统方向聚集，特别是2010年以后，随着通信和互联网技术的不断发展，智能终端和穿戴设备的广泛应用，有关头盔信息系统的专利申请呈现快速上升趋势。与此同时，随着新材料技术的发展，以及盔载信息化设备安装对头盔结构设计创新的要求，有关头盔硬件结构设计技术的专利申请也不断增加。2018年后，单兵数字化头盔技术专利申请量呈现小幅下降态势，这主要是与发明专利申请公开时间滞后有关，2019至2021年的部分发明专利申请还处于未公开和未收录状态。

总体而言，目前单兵数字化头盔技术处于快速发展和推进的阶段，各项关键技术都处在研发活跃期，且针对头盔硬件结构和头盔信息系统以及二者的结合，提出了各种新的需求，出现了较多的创新性技术改进，促使全球专利申请量呈现快速上升趋势。

图2-2-2所示为单兵数字化头盔技术专利申请的来源国及其占比，从图中统计结果看，单兵数字化头盔技术专利申请主要来自中国、美国、韩国、德国、法国，这5个国家的专利申请总量占相关全球专利申请总量的88.82%，其中，中美两国专利申请总量占71.83%。

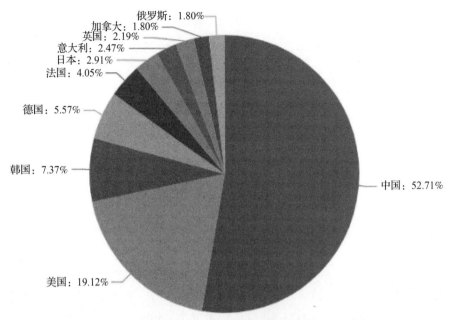

图2-2-2 单兵数字化头盔技术专利申请的来源国及其占比

其中，中国的专利申请量排名第一，占全球专利申请量的半数以上，成为单兵数字化头盔技术专利最大来源国。这主要是由于近年来我国在新材料、新一代信息技术等领域的研发实力不断提高，我国军队信息化建设的需求也进一步激发了相关研发主体创新的积极性和活跃度。此外，我国知识产权强国战略的提出，也进一步促进和提高了相关市场主体的专利申请意识。就单兵数字化头盔技术专利来源看，我国近年来无论是年申请量还是总申请量，都已进入第一梯队。但是进一步分析中国主体申请的专利类型，其中半数都是实用新型专利，而美国主体申请的98%都是发明专利，在技术创新高度上，中国与美国仍有差距。

在单兵数字化头盔技术专利申请中，排名前10的主要申请人及其专利数量如图2-2-3所示。从图2-2-3中可以看出，单兵数字化头盔技术专利主要申请人依次为THALES（合并旗下THOMSON-CSF，SEXTANT AVIONIQUE），GENTEX，国家电网，HONEYWELL，BAE SYSTEMS，ROCKWELL COLLINS，BELL SPORTS，杭州美盛，ELBIT SYSTEMS，MINE SAFETY等；其中THALES，GENTEX，HONEYWELL，BAE SYSTEMS，ROCKWELL COLLINS，ELBIT SYSTEMS都是各国知名的军工产品承研生产商。

GENTEX公司是美国单兵数字化头盔的重要服务和产品供应商，为全球国防部队、应急响应人员提高个人防护和态势感知能力。自1948年以来，GENTEX公司一直是美国军方地面部队防护装备的重要供应商之一，其在降低噪声、冲击，弹道防护等方面，都有深厚的技术积累。

THALES公司源于1879年的法国汤姆逊（THOMSON）集团，公司总部设在法国，研发设在美国硅谷和法国巴黎及俄罗斯。THALES公司是设计、开发和生产航空、防御及信息技术服务产品的专业电子高科技公司，也是法国最大的防务机械电子科技公司、欧洲第一大战斗系统（包括侦察系统、火控系统和操纵系统）生产集团。

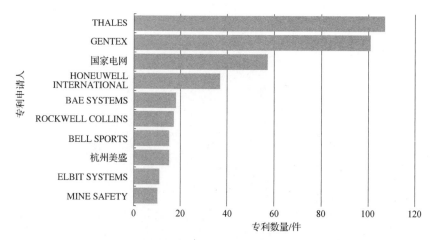

图 2 - 2 - 3　单兵数字化头盔技术专利的主要申请人及其专利数量

HONEYWELL 公司是一家国际知名的多元化高科技和制造企业，曾被美国《财富》杂志评为最受推崇的 20 家高科技企业之一，其旗下的 HONEYWELL AEROSPACE 等子公司，也是重要的军工产品承研商。HONEYWELL 公司的生产和研发方向包括航天产品及服务、工业控制、发动机以及特种材料等。

从单兵数字化头盔技术专利的主要申请人来看，排名前 10 的主要申请人中，8 位都是国外企业，且申请总量远大于国内企业，就单个申请人而言，中国申请主体在研发实力和专利储备方面，距离国外主体还有较大的差距。

2.3　单兵数字化头盔关键技术发展态势分析

根据单兵数字化头盔行业发展需求，本书以头盔硬件结构、头盔显示技术、头盔音频系统技术、探测与采集技术为关键技术点，从专利申请趋势、申请区域、技术分布等角度对上述关键技术发展态势进行分析和梳理。

2.3.1　头盔硬件结构技术发展态势分析

1. 专利申请趋势及技术分布分析

单兵数字化头盔硬件结构技术全球历年专利申请数量如图 2 - 3 - 1 所示。从图 2 - 3 - 1 可以看出，单兵数字化头盔硬件结构技术专利申请在 20 世纪 50 年代到 20 世纪 90 年代期间，一直处于缓慢增长状态，且技术方向主要集中在盔体和盔罩的材料、结构，以及通风散热、呼吸循环等盔内辅助系统方面；进入 20 世纪 90 年代后，专利申请量开始较快增长，悬挂和导轨系统方面的专利申请量有了明显增长，这主要是因为头盔装载和集成各类光电信息和传感设备的需求不断增加，对头盔悬挂系统和导轨系统的结构提出新的要求；2014 年以后，专利申请开始进入快速发展期，特别是通风散热、呼吸循环等盔内辅助系统方面的专利申请量显著增长，这一方面是由于消防等特种工作环境下的防护头盔通风散热技术的不断发展，另一方面也是因为头盔装载设备的增加，对头盔悬挂系统和导轨系统，以及盔内通风散热方面，都提出了新的需求，出现了较多的创新性技术改进，促使专利申请量呈现快速上升趋势。

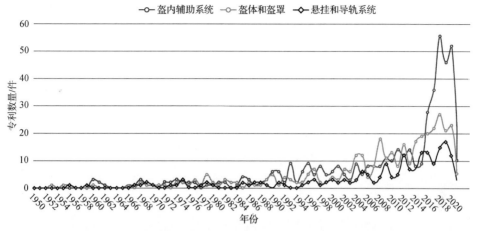

图 2 - 3 - 1　单兵数字化头盔硬件结构技术全球历年专利申请数量

　　头盔硬件结构技术专利申请主要集中在盔体和盔罩、悬挂和导轨系统、盔内辅助系统等方面。从头盔硬件结构主要技术方向的专利申请分布情况看，目前盔内辅助系统占比约46%，盔体和盔罩约占35%，悬挂和导轨系统约占19%，说明在单兵数字化头盔配接越来越多光电设备的前提下，盔内辅助系统作为改善头盔佩戴舒适性的重要手段，日益成为头盔硬件结构技术方向的研究热点。

　　盔体和盔罩是单兵数字化头盔硬件结构基础的技术方向。无论是早期单纯的战场弹道防护头盔，还是各种特种作业保护头盔、运动保护头盔，盔体和盔罩的设计都是最基础的工作。盔体和盔罩技术要点的专利申请分布如图 2 - 3 - 2 所示，从中可以看出：在盔体和盔罩技术方向上，专利主要集中在盔体材质的选择上，目前 Kevlar 材料仍然是主流的盔体材料；

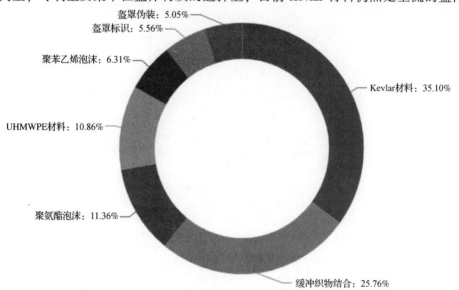

图 2 - 3 - 2　盔体和盔罩技术要点的专利申请分布

专利重点关注缓冲结构的设计及缓冲材料的选择，目前聚氨酯泡沫和聚苯乙烯泡沫仍然是主要采取的缓冲材料，各种缓冲材料和织物结合形成复合的缓冲结构，是进一步提高缓冲效果和性能的技术方向；盔罩主要起到伪装和标识作用，技术相对简单，主要涉及现有技术和头盔硬件结构设计的结合，相关专利申请较少。

悬挂和导轨系统是单兵数字化头盔硬件结构重要的技术方向。早期的悬挂系统，主要起到固定和调节头盔的作用。随着头盔成为各类数字化设备的集成安装平台，通过导轨系统配接各类盔载设备成为头盔硬件结构设计的重要一环，而各类盔载设备的配接，也为悬挂系统的设计提出了更高的要求。从悬挂和导轨系统技术要点的专利分布看，目前导轨系统占比约64%，悬挂系统占比约36%，专利主要集中在悬挂系统的设计上。一方面，悬挂系统发展时间更久，专利积累较多；另一方面，随着盔载设备的增加，悬挂系统不仅需要综合考虑头盔整体重量和重心稳定，还需要能够根据配接设备的情况进行适应性调整。

盔内辅助系统是单兵数字化头盔硬件结构关键的技术要素，其重点考虑通风散热和呼吸循环两个方面的设计。从盔内辅助系统技术要点的专利分布看，目前呼吸循环系统占比约35%，通风散热系统占比约65%，专利主要集中在通风散热系统的设计上。早期的通风散热结构，主要依靠头盔自然形成的空腔结构以及孔洞实现，随着复杂战场环境对头盔密闭性要求的提高，以及盔载设备的热量排散需求出现，需要通过设计相应的通风散热系统，才能更好地解决相关技术问题。此外，头盔内复杂的机电运行环境，以及极端战场生存条件下生命支持的需要，也使得呼吸循环系统成为单兵数字化头盔硬件结构需要考虑的关键要素。

2. 专利申请区域分析

单兵数字化头盔硬件结构技术专利申请的主要来源国及其占比如图2-3-3所示，可以看出，专利申请数量最多的10个国家依次为中国、美国、韩国、德国、法国、加拿大、意大利、英国、日本和俄罗斯，其中，中国和美国在总体上居于领先地位，各约占全球专利申请量的1/3。

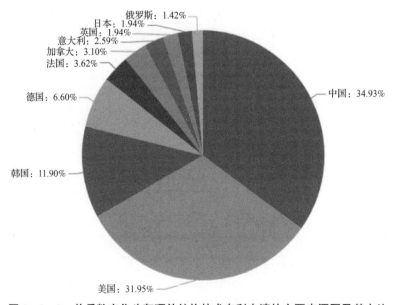

图2-3-3 单兵数字化头盔硬件结构技术专利申请的主要来源国及其占比

进一步比较中美两国在单兵数字化头盔硬件结构技术的专利分布，可以看出美国主体的申请主要集中在头盔本体的技术改进方面，技术原创度较高；而中国主体的申请主要集中在通风散热等盔内环境改善方面，更加侧重现有技术的集成和整合。

2.3.2 头盔显示技术发展态势分析

1. 专利申请趋势及技术分布分析

单兵数字化头盔显示技术全球历年专利申请数量如图 2 - 3 - 4 所示。从图 2 - 3 - 4 中可以看出：自 20 世纪 70 年代开始，就有专利开始申请；20 世纪 80 年代起开始小幅增长；进入 20 世纪 90 年代后，专利申请逐渐进入活跃期；2009 年以后，开始大幅增长。总体而言，头盔显示技术一直在持续发展和改进，特别是近十几年来，开始进入研发和专利申请的活跃期。

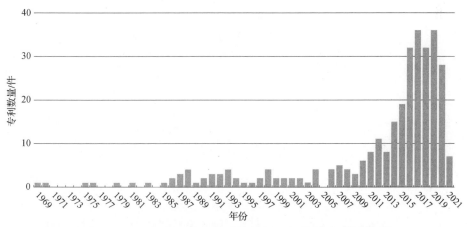

图 2 - 3 - 4　单兵数字化头盔显示技术全球历年专利申请数量

头盔显示技术的专利申请主要集中在 CRT 显示、LCD 显示、LED 显示、OLED 显示、光波导显示以及与 AR、VR 技术结合等方面，如图 2 - 3 - 5 所示。从图中 2 - 3 - 5 中可以看出，目前头盔视频显示方式仍主要采用 LED 和 OLED 等平板显示。采用光波导显示使头盔显示系统结构更紧凑、显示性能更优质，其相关技术专利也在不断发展。近些年，随着 AR、VR 技术的大热，头盔与 AR、VR 技术的结合日益成为头盔显示系统的主流，且相关领域的专利申请还在不断增加，但目前相关技术离具体应用落地，尤其是战场环境下的实战应用还具有一定距离。

CRT 显示、LCD 显示、LED 显示、OLED 显示、光波导显示等头盔视频显示技术专利申请数量如图 2 - 3 - 6 所示。早期的头盔显示器主要应用于飞机平台，且由于其他显示技术尚不成熟，多采用 CRT 显示技术。

进入 20 世纪 80 年代后，头盔视频显示技术专利申请开始进入快速增长阶段。一方面，数字化战争条件下对于头盔综合显示功能的应用需求，催生了有关技术的发展；另一方面，LCD、LED、OLED 等显示技术的成熟，以及通信和信息化技术的不断发展，也为头盔信息系统的技术创新提供了良好的基础。

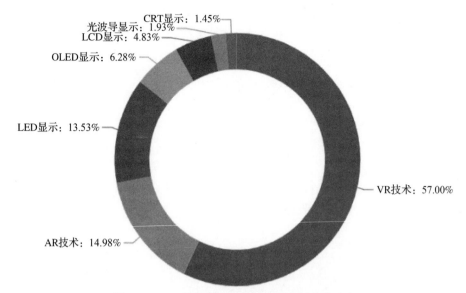

图 2 - 3 - 5　头盔显示技术要点的专利申请分布

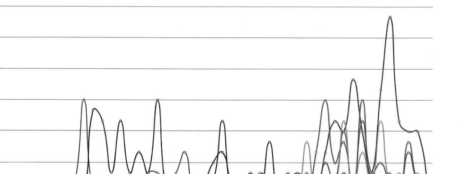

图 2 - 3 - 6　头盔视频显示技术专利申请数量（书后附彩插）

1984 年 RAYTHEON、HUGHES 等公司开始在头盔显示器中使用 LCD 显示技术。1993 年申请的美国专利（US5544027A）开始使用 LED 显示器作为头戴显示装置，此后 LED 显示器开始越来越广泛地应用于头盔显示器，LED 显示技术逐渐成为应用最广的技术。

1996 年，L - 3 通信公司申请的头盔显示器专利，开始使用自发光器件的光波导显示技术。2009 年，BAE SYSTEMS 在各国申请了数件采用光波导技术显示的头盔显示器的专利（US20120044573A1 系列同族），该专利在佩戴者眼睛前面设置遮阳板或者其他弯曲的光学元件用作波导。带图像的光通过输入衍射元件注入波导中，并通过遮阳板传播到输出衍射元件，该衍射元件释放光并选择弯曲波导输入和输出衍射元件的光功率，使得释放的光作为图像传递给佩戴者的眼睛。2014 年，BAE SYSTEMS 在前述专利基础上，又申请了系列改进专利（US20140362447A1 系列同族）。

2002 年，激活光子学观测和通信系统股份公司在其申请的可以改善视野的头戴显示器专利中（WO2004025353A1）使用了 OLED 显示技术，此后 OLED 显示技术也逐渐在头戴显示器中得到了广泛的使用。

随着近年来 AR、VR 技术的快速发展，结合 AR、VR 技术提高战场信息获取、态势生成能力，日益成为头盔显示系统发展的主流。头盔结合 AR、VR 技术专利申请数量如图 2-3-7 所示。

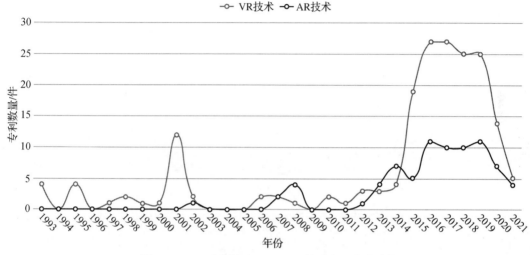

图 2-3-7　头盔结合 AR、VR 技术专利申请数量

1992 年，史密斯公共有限公司申请了支持 VR 的头戴显示装置专利（GB2266385B）。2001 年，INTERSENSE 公司申请了基于 VR 技术和头盔显示器的运动追踪系统的专利（WO2001080736A1），通过头盔显示器和虚拟环境训练器，基于头盔显示器的跟踪惯性测量单元，实现惯性头部跟踪功能。2002 年，中佛罗里达大学申请了一件用于传达增强现实系统的镜头组件的专利（US6731434B1），该组件由安装在头盔上的一对微型投影透镜、分束器和微型显示器以及回归反射片材料组成，可实现增强现实效果。2014 年以后，微电子、光电子、信息获取、网络传输、智能计算和移动计算等信息技术迅猛发展，移动终端、穿戴传感和显示设备日益小型化且性能不断提升，极大地推动了 VR、AR 技术的前沿研究和应用研发，专利申请进入活跃期，展现了非常广阔的应用前景。

对于单兵数字化头盔显示系统而言，需要结合使用场景及显示效果、重量以及功耗，来选择合适的显示技术。单兵数字化头盔通过与 VR 技术的结合，可以为日常训练、远程指示、态势显示提供广泛的应用；通过 AR 技术，可在图像和目标识别、强化处理方面，发挥重要作用。

2. 专利申请区域分析

单兵数字化头盔显示技术专利申请的主要来源国及其占比如图 2-3-8 所示，可以看出，头盔显示技术专利申请数量最多的 10 个国家依次为中国、美国、英国、韩国、俄罗斯、德国、法国、日本、土耳其和奥地利，其中，中国在总量上居于领先地位，达到全球专利申请总量的 67.02%，成为单兵数字化头盔显示技术专利的首要来源国。

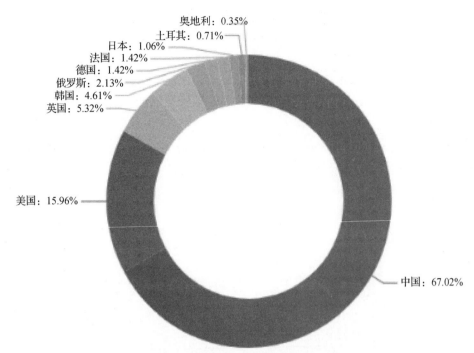

图 2 - 3 - 8 单兵数字化头盔显示技术专利申请的主要来源国及其占比

中、美、韩、英等四国头盔显示技术专利申请数量对比如图 2 - 3 - 9 所示，可以看出：20 世纪 90 年代以前，头盔显示技术专利申请主体主要来自美国；2000 前后，中国、英国、韩国开始申请专利；2013 年以后，中国的专利申请数量迅速大幅增长并超过美国，这一方面体现了中国主体在相关领域技术开发的不断进步，另一方面也反映出最近几年智能头盔产业，特别是 AR、VR 技术相关产业正处于风口，市场相对较热。

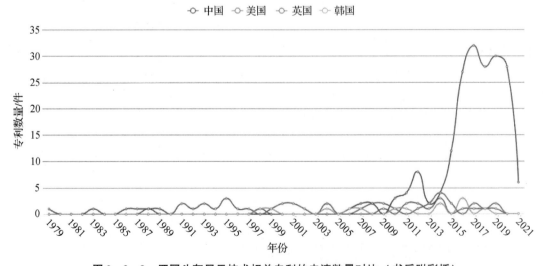

图 2 - 3 - 9 四国头盔显示技术相关专利的申请数量对比（书后附彩插）

进一步比较中美两国单兵数字化头盔信息系统技术专利分布可知，中国主体申请的专利中，以实用新型专利为主，而美国主体申请的专利中，几乎全部为发明专利。这说明，我国近年来尽管在年申请量和总申请量方面都逐渐赶上美国，但是在技术原创度和创新度上，仍较美国有很大差距。

2.3.3　头盔音频系统技术发展态势分析

1. 专利申请趋势及技术分布分析

单兵数字化头盔音频系统技术全球历年专利申请数量如图 2 - 3 - 10 所示。从图 2 - 3 - 10 中可以看出：早在 20 世纪 60 年代起，就有头盔音频系统技术专利开始申请；20 世纪 80 年代起开始小幅增长；进入 20 世纪 90 年代后，专利申请逐渐进入活跃期；2009 年以后，开始大幅增长。总体而言，头盔音频系统技术一直在持续发展和改进，特别是近十几年来，开始进入研发和专利申请的活跃期。

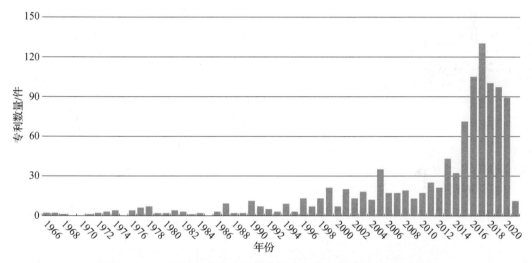

图 2 - 3 - 10　单兵数字化头盔音频系统技术全球历年专利申请数量

头盔音频系统技术专利申请主要集中在气传导和骨传导两种音频传输技术以及噪声防护技术等方面，如图 2 - 3 - 11 所示。从头盔音频系统技术要点的专利申请分布看，目前主要的音频传导方式仍然是气传导方式。但是随着近年来骨传导技术的发展，相关音频技术在头盔音频系统也逐渐得到了广泛应用。在噪声防护技术方面，目前主动降噪技术得到了越来越广泛的应用。

音频系统工作的基本原理是通过电信号和声音信号的转换实现声音获取和呈现。从声音传导呈现可分为气传导和骨传导两种模式。头盔音频传输技术专利申请数量如图 2 - 3 - 12 所示。

从 20 世纪 50 年代开始，就有头盔音频传输技术专利开始申请，相关申请主要使用气传导耳机作为头盔音频呈现和噪声防护的部件，申请内容主要涉及耳机的保护支持和调节结构（1953 年的 US2805419A、1956 年的 GB834966A、1966 年的 GB1171558A）等方面。

20 世纪 80 年代起，头盔音频传输技术专利申请开始小幅增长；进入 20 世纪 90 年代后，专利申请逐渐进入活跃期；2009 年以后，开始大幅增长。例如，1989 年普列斯海外有限公司申请了一种便携式无线电发射耳机的专利（GB2226931A），其通过可调节头戴耳机和可

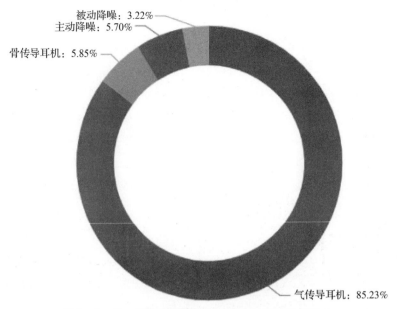

图 2-3-11　头盔音频系统技术要点的专利申请分布

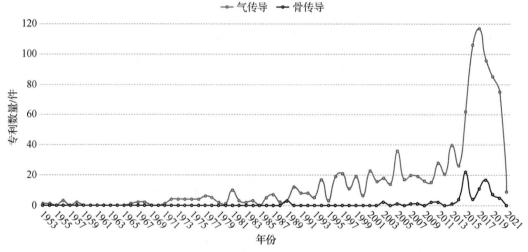

图 2-3-12　音频传输技术专利申请数量

调整位置的骨传导麦克实现音频信号的收发拾取。1996 年，HEADGEAR 公司申请了一件使用同步头盔系统增强音乐效果的音频处理系统的专利（US5822440A），可以根据外部环境的距离和场景不同，主动增强耳机输出的声音信号；1999 年申请的一件头盔耳机美国专利（US6546264B1），通过将耳机从运动头盔的侧面向后围绕运动头盔的后部再向前延伸到运动头盔的两侧，使得耳机系统可拆卸地直接安装到运动头盔上；2016 年申请的一件头盔耳机美国专利（US10743094B2），提供了一种双模耳机电路，该双模耳机电路具有双输出声换能器模块，所述双输出声换能器模块同时支持声波的空气传导和骨骼传导，当使用者戴上头盔时，可调节选择工作模式。

总体而言，头盔音频传输技术一直在持续发展和改进，特别是近十几年来，开始进入研发和专利申请的活跃期。

从技术原理上，噪声防护技术主要包括被动防护和主动防护两种。被动防护通常采取耳塞、耳机或者二者相结合的方式对噪声进行被动物理阻隔，亦可由高性能通信耳机和隔声耳塞组成防护套装，并结合头盔进一步增强降噪效果；主动降噪主要是利用反声技术来抵消原有的噪声而达到降噪目的。头盔噪声防护技术专利申请数量如图 2-3-13 所示。

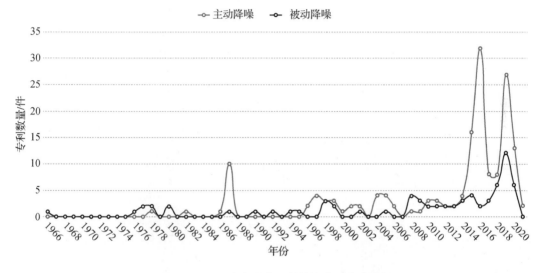

图 2-3-13　头盔噪声防护技术专利申请数量

从噪声防护技术专利申请数量看，1996 年以前，被动防护技术专利申请量相对较多。例如，1966 年申请的专利"用于保护人耳免受噪声影响的装置"（GB1174258A）公开了一种安全头盔，头盔边缘向下延伸至耳部，其上安装耳塞，用以降低头盔佩戴者承受的噪声，该专利主要采取被动防护技术。

1982 年英国国防部申请了采用主动降噪耳机的机组头盔专利（GB2126076A），主动防护技术专利开始萌芽。1996 年以后，主动防护技术专利开始较快增长，特别是 2014 年以后，随着主动降噪技术的不断进步和应用的推广，相关专利大幅增长。例如，1996 年，THALES 公司申请了一件头盔在噪声环境下的声音处理系统的专利，通过主动降噪回路来降低噪声，并补偿佩戴者的听力损失。2014 年，LIGHT SPEED AVIATION 公司申请了一件带外部可定位内耳罩的头盔的专利（US20160095376A1），其设置可调节压力和定位的耳罩，同时集成主动降噪设备，实现密闭、降噪和配电舒适性的平衡。2015 年，私立中原大学申请了一件电子头盔及其消除噪声的方法的专利（US20170142507A1），该专利不仅集成了有源噪声控制技术，同时可根据外部环境和工作状态，提供免提通信、音乐收听和语音导航等功能，将噪声防护技术和当前工作任务结合。2016 年，哈曼贝克自动系统股份有限公司申请了一件声音再现与头盔中的主动噪声控制技术的专利，该专利不仅可以通过有源噪声控制技术提供噪声防护，还可以进一步对使用者需要获取的声音信号进行优化，提供更逼真的声音印象。

总体而言，噪声防护技术的发展是在传统被动防护技术的基础上，通过主动防护技术进一步提高降噪效果。

2. 专利申请区域分析

头盔音频系统技术专利申请的主要来源国及其占比如图 2 - 3 - 14 所示，可以看出，头盔显示技术专利申请数量最多的 10 个国家依次为中国、美国、韩国、德国、法国、日本、英国、意大利、挪威和印度，其中，中国在总量上居于领先地位，达到全球专利申请量的 64.37%，成为单兵数字化头盔音频系统技术专利的首要来源国。

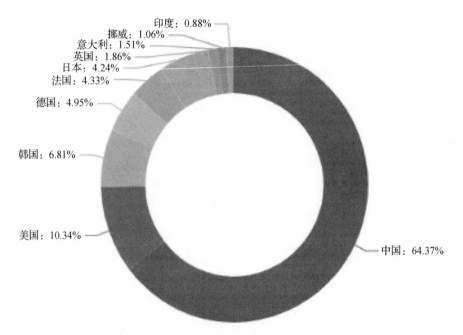

图 2 - 3 - 14　头盔音频系统技术专利申请的主要来源国及其占比

中、美、韩、英等四国音频系统技术专利申请数量对比如图 2 - 3 - 15 所示。从图 2 - 3 - 15 中可以看出：自 20 世纪六七十年代起，美国即开始少量音频系统技术专利申请，2008 年以前，美国长期处于主导地位；中国在 20 世纪 90 年代以后，开始在相关领域进行专利申请，2008 年以后，申请数量迅速大幅增长并超过美国，这一方面体现了中国主体在相关领域技术开发的不断进步，另一方面也反映出最近几年智能头盔产业处于风口，市场相对较热。

2.3.4　探测与采集技术发展态势分析

1. 专利申请趋势及技术分布分析

探测和采集系统是单兵数字化头盔信息系统的感知系统，其主要技术包括红外探测技术、微光夜视技术等。头盔探测与采集技术全球历年专利申请数量如图 2 - 3 - 16 所示。

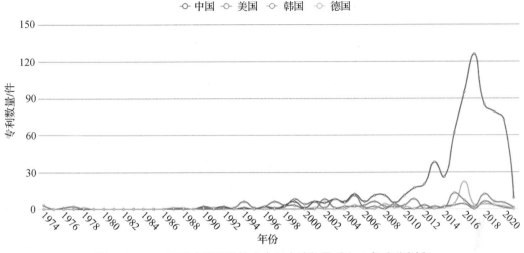

图 2 - 3 - 15　四国音频系统技术专利申请数量对比（书后附彩插）

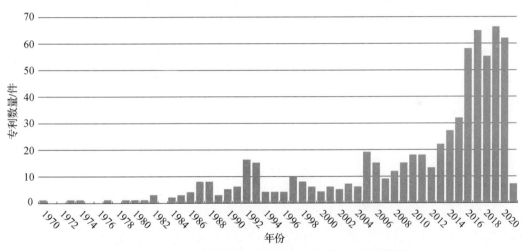

图 2 - 3 - 16　头盔探测和采集技术全球历年专利申请数量

　　从图 2 - 3 - 16 可以看出：早在 20 世纪 70 年代，就有探测和采集技术相关专利申请；进入 20 世纪 90 年代后，专利申请逐渐进入活跃期；2010 年以后，开始大幅增长。总体而言，探测和采集技术一直在持续发展和改进，特别是近几十年来，专利申请量显著增长。

　　探测与采集技术专利申请主要集中在红外探测技术与微光夜视技术两方面。红外探测技术专利申请数量如图 2 - 3 - 17 所示。早在 1954 年，就有专利（FR1115561A）将红外探测技术与士兵头盔结合起来，通过安装在头盔上的红外探测器实现自动控枪。1981 年，美国海军研究室申请了一件安装在头盔上的眼动感应探测器的专利（US4702575A），通过红外探测技术监测头盔内使用人员的眼动状态。1983 年，休斯航空公司申请了一件用于头盔的双视场红外探测器的专利（US4574197A），其采用两道探测光束和光学系统探测和生成目标信息，可以提供更加立体的探测景象。1992 年，NIGHT VISION 公司申请了一件头盔式夜视系统的专利（US5254852A），它接收来自被观察物体的入射红外/可见光，并将入射光转换为强化可见光以呈现给用户的眼睛。2002 年，立体防御系统有限公司申请了一件步兵战斗 IFF 系统的专利（US7308202B2），包括头盔式被动 IFF 响应单元和士兵的武器装载 IFF 询问单元。通过被动的红外检测，可以更好地提高战场隐蔽性。1999 年，一件在头盔上同时集成了主动和被动的红外探测装置的专利（US6456261B1），通过同时安装主动的红外探测成像系统和被动的红外摄像头组件，综合主动和被动探测技术的特点，实现了更好的探测效果。

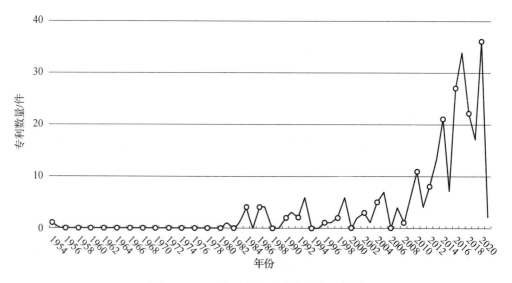

图 2 - 3 - 17　红外探测技术专利申请数量

微光夜视探测技术专利申请数量如图 2 - 3 - 18 所示。早在 1970 年，就有英国主体申请了一件和头盔结合的夜视光学设备系统的专利（GB1335360A），通过光电放大电路和整流器，实现在能见度非常低的条件下的夜视成像。1980 年，ITT 制造企业公司申请了一件可选择地安装在头盔上的夜视成像系统的专利（US4449787A），通过将可选可调节的夜视系统安装在飞行头盔上，方便飞行员在各种环境和姿态下获取信息。1981 年，马可尼公司申请了一件夜视护目镜的专利（US4468101A），将夜视系统集成在护目镜上，从而更方便佩戴者的使用。1988 年，GEC 马可尼公司申请了一件头盔结合观测装置的结构的专利（GB2290454B），通过活动设计，可以将夜视设备从双眼前滑动至双眼外侧，从而实现结构可调，在不需要夜视观察时，避免夜视设备对双眼视野的影响。同年，美国陆军也申请了一件头盔上可调夜视镜的导轨结构的专利（US4922550A）。1997 年，SEXTANT AVIONIQUE 公司申请了一件带有夜视系统和能够替代日视光学元件的头盔的专利（WO1998021618A1），可以根据黑夜和白昼的不同需要，替换夜视系统和专用于优化白昼视觉效果的光学元件。此外，还有夜视系统与图像增强技术，夜视系统的电气连接和电源管理等方面的专利申请。

总体而言，在探测和采集技术方向上，目前相关专利主要集中在夜视设备方面；相较而言，红外探测技术和数字化头盔的结合目前已经比较成熟，而微光夜视技术在进一步提升探测效果方面，还需持续改进。

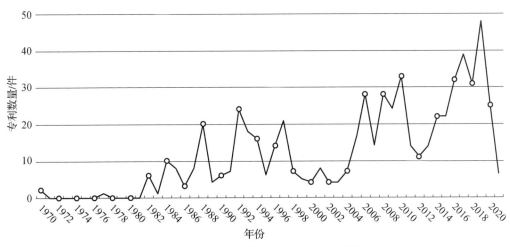

图 2 - 3 - 18　微光夜视探测技术专利申请数量

2. 专利申请区域分析

头盔探测与采集技术专利申请的主要来源国及其占比如图 2 - 3 - 19 所示，可以看出，专利申请数量最多的 10 个国家依次为中国、美国、法国、韩国、英国、日本、俄罗斯、澳大利亚、加拿大和以色列，其中，中国在总体上居于领先地位，专利申请数量超过全球专利申请量的 2/3。

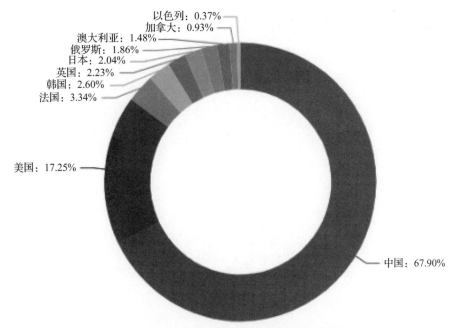

图 2 - 3 - 19　头盔探测与采集技术专利申请的主要来源国及其占比

中、美、英等五国探测与采集技术专利申请数量对比如图 2 - 3 - 20 所示。自 20 世纪五六十年代起，美国即开始少量申请有关探测与采集技术的专利，2010 年以前，美国长期处于主导地位，其年申请量和申请总量远高于其他国家。中国在 2002 年以后，开始在相关领域进行专利申请，到 2010 年以后开始大幅增长并迅速在年度专利申请数量上超过美国，并最终在总量上超过美国。这一方面体现了中国主体在相关领域技术开发的进步，另一方面也体现了中国申请主体在技术趋势上还是紧跟美国。值得关注的是，以色列在相关领域也具有较强的研发实力。

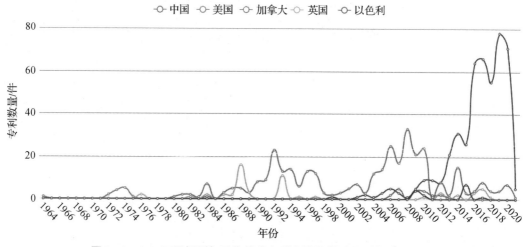

图 2 – 3 – 20　五国探测与采集技术专利申请数量对比（书后附彩插）

第3章
数字化头盔硬件结构设计

头盔硬件结构的设计，是综合系统数字化头盔设计的基础工作。首先，头盔盔体不仅是基础的防护部件，也是各类数字化装备的基础承载平台，在头盔设计过程中，要综合考虑到头盔的防护性、稳定性和舒适性的平衡，这对盔体的材质和外形都提出了不同的设计要求；悬挂和导轨是综合系统数字化头盔保持稳固和加载各类附属设备的关键，需要结合不同的战场需求和装备配备，在通用性的基础上设置更具扩展性的模块化导轨；作为一个搭载平台，头盔承载模块的增加会影响盔体佩戴的稳定性，需要结合头部人机工学设计相应的悬挂系统，保证综合系统数字化头盔在战场使用环境中的稳固性；考虑到现代战场条件的复杂性，数字化头盔的设计还需要考虑到通气散热、呼吸循环等盔内辅助功能。本章对盔体、盔罩、悬挂系统和导轨系统以及盔内辅助系统等数字化头盔硬件结构设计关键技术及其发展概况进行阐述。

3.1 数字化头盔的基本构成

数字化头盔主要是由盔体、盔罩、悬挂系统、导轨系统、盔内辅助系统构成，如图3-1-1所示。

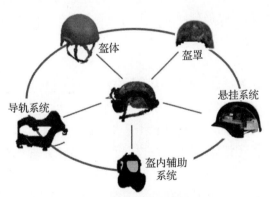

图3-1-1 数字化头盔的硬件结构

盔体是保护头部的主要结构，由坚固的防冲击材料构成。盔体防护面的大小决定了士兵安全程度的高低，盔体的材料则主要由材料的密度和抗弹片的冲击能力决定。与传统的防弹头盔不同的是，数字化头盔的盔体不仅是基础的防护部件，也是各类数字化装备的基础承载平台，因此，在头盔设计过程中，既要考虑到传统战术头盔的防护性能，也要注重头盔整体结构和盔载光电装备配件安装便利性的平衡，这对盔体的材质及盔形设计都提出了不同的技术要求。

盔罩是包覆在头盔外壳的一层布罩，通过盔体上的配接机构固定在头盔上。盔罩外层可设计搭扣、挂钩和魔术贴等结构，用于配接和粘贴各类标识和标签。通过盔罩的图案、色彩的变换，可以更好地适配战场环境，增强头盔的目视隐蔽效果。此外，盔罩用料的选取，需考虑到其与衣服面料材质之间红外特征的一致性，从而进一步提高在红外探测条件下的隐蔽效果。通过盔罩或者在头盔外部采取涂层的方法来进行伪装和标识的技术一直伴随着头盔技术的发展而发展。

盔载设备的增加，使得数字化头盔的整体重量和质心，都较传统战术头盔有较大偏转，因此需要结合头部人机工学，设计相应的悬挂系统，从而保证综合系统数字化头盔在战场使用环境中的稳固性。早期的头盔悬挂系统，其目的仅仅是将头盔稳固地固定在士兵的头上，兼顾一些舒适性，例如通风、紧固、调节方面的设计。随着技术的发展和现实军事需求的变化，头盔悬挂系统从最早的布带、网面，到后来的可调整内垫，到近期的内框架结构，都是为了增加舒适性、稳定性，同时减少对防弹层的影响。盔体和悬挂系统是影响头盔佩戴舒适性的主要因素，如何做到两者之间合理有效地紧密结合，使其满足人机工学设计的基本要求，是头盔人性化设计的一个重要的参考标准。

导轨系统主要用于配接各种盔载设备。随着信息化作战要求的不断提高，头盔外部悬挂系统也随之增多，同时还会根据不同作战需求适当地增加或是减少配件装备；当配件增加时，必然会导致操作方式的改变，操作的机动性必然会降低，使用的方便性也会随之改变。因此，如何结合不同的战场需求和装备配备，对导轨系统进行合理的、可扩展的模块化设计，是数字化头盔设计面临的新挑战。

考虑到现代战场条件的复杂，以及在机载、车载、舰载平台，或核化、生化等环境下的作业需求，综合系统数字化头盔的设计，还需要考虑到通气散热、呼吸循环等盔内辅助系统的设计。早期的通风散热和呼吸循环系统，多用于飞行头盔，随着技术的演进和战场环境的需要，也将逐渐应用于单兵数字化头盔。

3.2 数字化头盔的结构设计要求

随着士兵装备数字化程度的不断提高，士兵使用的防弹头盔正在演进成为集综合防护与信息交互功能为一体的数字化头盔系统。在这一发展进程中，现代军用头盔的盔体设计在确保安全性的同时，不仅要保证数字化头盔系统具有优异的佩戴稳定性和舒适性，同时还要对盔体的外部承载设备进行考虑，使其具有良好的稳定性，这些给对数字化头盔系统的盔体设计带来了新的挑战。总体而言，现代单兵数字化头盔盔体设计需要重点考虑以下要求：

1. 盔体应具有最佳有效的防护设计

作为士兵头部的防护设施，防护性是对头盔设计最基本的要求。传统军用头盔为了满足防护性要求，往往会设计较多的无效防护面积。防护面积的增大，不仅导致了头盔重量的增加，整体重心偏高，佩戴的稳定性和舒适性较差，而且美观性、个性化和兼容性也不高。随着现代军事战争数字化水平的提高，以往单纯的只是为了防护而设计的防弹头盔已经明显不能适应现代军事战争的需要，必须充分考虑到光电装备承载平台的设计，在确保有效的防护面积的前提下，从人性化的角度进行设计，力求满足防护性能强、舒适度高和佩戴稳定性的要求。

2. 盔体应具有良好的佩戴舒适性和适配性

头盔盔体佩戴的舒适性和适配性对于士兵来说是非常重要的。舒适性是指士兵佩戴头盔时要感到舒适满意，适配性是指士兵佩戴头盔时要大小合适、松紧恰当。

头盔的形状与人体头部尺寸如果不能很好地吻合，防护面积设计不够合理有效，就会影响整体的人机感受；盔体内部的减震装置与头部穴位存在重叠或是挤压时，在受力情况下，士兵就容易出现不良反应；盔体的系带处如果不能快速地收紧和松开，就会影响佩戴的舒适度和头部运动状态下的跟随稳定性；盔体内部与外部结构安装方式不够合理，就容易出现结构件松动的现象，从而影响操作使用的便捷性；盔内通风散热及呼吸循环等盔内辅助系统设计考虑不周，就容易影响士兵佩戴的舒适性。上述使用过程中容易出现的问题，都需要设计师在盔体结构设计中，根据具体使用需求，利用人机工学的设计方法，对盔形、盔体材料、悬挂系统、内部辅助系统等进行综合考虑与设计。

3. 盔体应具有较好的整体重心稳定性

数字化头盔既是为士兵头部提供保护的防护设施，也是安装头盔显示和定位跟踪等组件的搭载平台，头盔承载模块的增加会影响盔体佩戴的稳定性。因此，作为一个搭载平台，在满足防护性、舒适性和适配性的基础上，头盔必须提供足够的稳定性来保证用户的眼睛和显示光学系统之间观察视线的对齐与融合。

总之，现代单兵头盔作为数字化作战环境中一个最基本也是最重要的防护设施，不仅是单纯的弹道防护装备，同时，也成为信息化战争中的信息承载平台，在战争中的地位已变得越来越重要。因此，盔体的设计在确保安全性的同时，更加强调工效性，以保证"头盔 - 盔载设备"系统具有更优异的佩戴稳定性和舒适性。

3.3　数字化头盔的人机工学分析

3.3.1　头部受力分析

人体头部位于脊椎骨的上端，头颅底端的枕骨骼与第一颈椎的上关节面相啮合，脊椎骨两边有两个很小的椭圆形的啮合面是头部的支撑点。

人的头部重量一般在 4~4.5 千克，头部重心位于头部和脊柱支撑点的前上方，如图 3 - 3 - 1 所示。当人抬头时，颈后部的肌肉会受到拉力，头部重量越重，颈后部肌肉承受的拉力越大。士兵佩戴头盔后，尤其是数字化头盔还会搭载多种外置装置，如果头盔较重或重心偏离人体的头部重心较多，就会使人的头部增加较大的重心力矩，从而使颈后部肌肉承受比平时更大的拉力；当这种拉力过大或时间过长时，人的颈部就会产生不适，甚至造成颈部损伤。因此，为了减轻佩戴数字化头盔对士兵的影响，设计时，首先要尽量减轻头盔重量，其

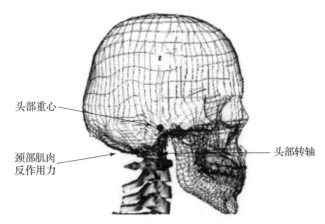

头部重心

**颈部肌肉
反作用力**

头部转轴

图 3 - 3 - 1 头部重心示意图

次是优化头盔上安装部件的位置，尽量减小头盔重心的偏移量，必要时可考虑配平。

头颈部的关键穴位与头盔盔体设计之间也有着密切的联系。盔体设计能否充分考虑重要穴位方面的受力因素，直接影响到头盔佩戴的舒适度与安全度；同时，盔体的设计应该充分避让或者保护关键薄弱穴位，最大可能地减少因穴位受力过激而引起的作战人员伤亡。头颈部最为关键且因外部受力而导致士兵作战力降低的主要穴位有 9 处，9 处中太阳穴是颅骨骨板最薄弱的部位。颅骨为一层坚硬的骨板，对脑起着保护作用。颅骨骨板各处薄厚不一，平均厚度为 5 毫米，最厚处为 1 厘米，而太阳穴处的骨板厚度仅为 1~2 毫米，是颅骨最薄弱的部位，受到打击或挤压，很容易形成骨折，直接影响脑的功能。因此，对于头部穴位保护是在头盔的整体设计中需要考虑的重要因素，需要充分考虑对致命穴位的避让和保护，同时，还要保证舒适度。

3.3.2 头部姿态与动作的人机分析

头部姿态与动作的人机分析可为头盔悬挂系统的设计提供最基础的设计依据。头部在佩戴头盔时，分为静止状态的头部动作和运动状态的头部动作，两种状态的头部动作均会不同程度地影响头盔佩戴时的稳定性和舒适性。

头部静止状态的基本动作可分为：顶面轻度的左右转动，转动角度为 ±25°；侧面轻度的上下转动，转动角度为 +20°~-25°；顶面重度的左右转动，转动角度为 ±50°；侧面重度的上下转动，转动角度为 +40°~-45°。

头部运动状态的基本动作可分为头部前后直线运动的惯性复合状态、头部左右弧线摇摆的复合状态、头部上下直线运动的惯性复合状态。头部前后惯性复合时主要受到头盔前侧与头盔后侧力的挤压；左右惯性复合时，主要受到头盔两侧力的挤压。

当士兵完成战术技术运动时，如果头盔跟头部吻合得好，悬挂系统的紧固装置与减震内衬设计合理，那么，头盔在复位运动时就能够紧追头部的运动状态，保证动作的灵敏性；相反，如果头盔在头上来回晃动得比较厉害，即运动跟随稳定性不好，那么必定会影响其佩戴的舒适性，不利于提高动作的灵敏性和作战的机动性。

通常采用随稳性来衡量头盔运动跟随稳定性，它是指在头部动作时头盔相对于头部产生旋转角运动的情况，可用最大周向位移和残余周向位移两个指标衡量，分别指头部做标准角运动时，头盔随之产生旋转运动的最大位移和不可恢复位移。

3.4　数字化头盔的结构设计

3.4.1　盔体

从头盔结构而言，盔体通常至少包括外壳和衬垫。材质方面，数字化头盔的外壳在保证坚固性的前提下，对头盔轻质化的要求更高。衬垫通常为头盔最内层，是与人体头部直接接触的部位，进一步起到缓冲作用。数字化头盔衬垫的设计，应当在保证坚固性、轻质化和稳定性的前提下，兼顾佩戴的舒适性和环保性，因此触感和材质是衬垫设计的重要考虑因素。

1. 盔体材料

头盔材料的选择是盔体设计的重要因素。首先盔体在受到外力冲击的时候起着承载、分散外力的作用；同时，材料的轻重直接决定了头盔的轻重，轻质材料的选取有利于降低头盔的重量，减轻士兵的载重负荷，提高佩戴的舒适度和运动状态下的灵敏度。

军用头盔的盔体在最初设计的时候一般采用合金钢，虽然能够阻挡弹片的冲击力，但由于合金钢的密度较大，导致头盔重量偏高，同时导热系数比较高，二次反弹所造成的杀伤力也比较大。

1965 年，美国杜邦公司研发出一种芳香聚酰胺类合成纤维 Kevlar，其强度为同等质量钢铁的 5 倍，而密度仅为后者的五分之一。1975 年，美国海军研究实验室就在一款用于搜救人员的保护头盔中使用 Kevlar 材料作为头盔的防护层。Kevlar 等新型复合性防护材料具有密度小、重量轻、防护性能好、导热系数低等优点，例如美国的 PASGT 防弹头盔，其盔体采用高锰钢材料时，重量为 1.45 千克，V50 值可达 430 米/秒，可防弹片；而采用 Kevlar 材料时，重量为 1.42 千克，V50 值可达 609.6 米/秒，可防 9 毫米口径手枪弹丸和弹片，防弹性能超越高锰钢材料。因此，从 20 世纪 70 年代开始，Kevlar 等新型复合材料逐渐成为单兵头盔的主要材料。

自 2007 年起，越来越多的头盔制造商开始使用 UHMWPE 材料作为主要材质。UHMWPE 材料相比 Kevlar 材料，最大的优势是不怕潮、不怕紫外线、重量轻、价格便宜。采用 UHMWPE 材料制成的头盔相比 Kevlar 材料制成的头盔，重量较轻一些，但是厚度却稍厚一些，故而在防护效果上有了更大的升级。

目前，Kevlar 材料仍然是单兵头盔制造的主要材料，但是 UHMWPE 材料的应用也越来越广泛。例如美军的 PASGT 头盔、ACH 等采用了 Kevlar 材料，而 ECH 及 IHPS 头盔则采用了 UHMWPE 材料。

我国 QGF02 型防弹头盔也采用的是 Kevlar 材料，头盔在设计上采用了动能分散吸收原理和人机工学原理，使枪弹的动能通过芳纶的复合结构体的局部形变和内部层间应力的分散全部耗散掉，从而对头部起到保护作用。

体现头盔安全性的主要因素是盔体的防弹性能，而决定防弹性能的则主要是盔体材料的特性，因此，盔体的材料性能就成为保护士兵安全至关重要的因素。随着 Kevlar、特沃纶（Twaron）、钛合金、UHMWPE 等新型复合性防护材料性能的不断提升，非金属防弹头盔设计越来越轻薄，并且头盔的防弹性能也得到了持续提高。

2. 盔形设计

以往的军用防弹头盔，由于只是较为单纯的弹道防护装备，因此其盔形的造型设计具有较大的自由度，甚至可以使用较多的非有效防护面积，来达到美观、个性化和兼容性的要求。单兵数字化头盔不仅具有传统的安全防护功能，同时还作为信息传递的控制中心，需要承载光电设备，头盔承载模块的增加会影响盔体佩戴的稳定性。因此，在盔形设计方面，综合系统数字化头盔在要求良好弹道防护性能的同时，更强调造型设计必须满足佩戴稳定性的要求。

一方面，要尽可能降低无效防护面积，从而确保头盔能够与头很好地吻合，另一方面也要考虑到盔载各类设备与头盔本体的整体平衡和稳定性，采用无帽檐、高轮廓、耳廓后移等设计要点，使得头盔整体重心后移，进而在装载各类光电设备后更加稳固。例如美军的 MICH 在造型上就采取了高轮廓、无帽檐、耳廓后移的设计；法国装备的士兵系统头盔不仅采取了无帽檐设计，还重点弱化了耳廓效果。此外，为了配合通信设备的佩戴，亦有生产商在盔形设计时，采取切耳的设计，即在盔形设计时去除护耳部分，从而便于通信耳机的佩戴。例如，美军的 FAST 头盔和 IPHS 头盔就直接采取了切耳设计；美军 IHPS 头盔采用了中切的外观设计，即中等高度开口，这种设计是为了方便士兵可以在盔内直接佩戴类似 ComTac 这样的通信耳机，同时还能保留一些防护面积，中切比较有名的产品还有 MICH 和 OPS CORE 的 Sentry 头盔。

头部尺寸的精确化与科学化，对于头盔的设计非常重要。盔形的设计应该实现头部装置的系统集成，并实现统一分型分号。中国人的头较西方人小、形状相对较圆，在进行盔形设计时应结合中国青年头型尺寸的平均参数合理设计头盔盔形面积、盔体内部悬挂系统与头顶接触面之间的关系、平展贴合程度，提高头盔形状与人头部尺寸的吻合度。

眼睛可视角度的分析有助于对盔体两侧的防护面进行优化设计，不仅可以提高佩戴时的舒适度，同时，可最大限度地拓宽视野，有利于提高作战时的机动灵活性，更加有助于保护自身的安全。眼睛左右的最佳转动角度为 $\pm 15°$，最大的转动角度为 $\pm 60°$；眼睛上下的最佳转动角度为 $+25° \sim 30°$，视野界限为 $+50° \sim 70°$。因此，盔体帽檐的设计必须保证能够实现眼睛的有效视野，尤其是左右和上角度的有效视野。例如，美陆军的 ACH，就对头盔边缘进行了削切，开阔视野和提高听力，以提高态势感知，新的颈部衬垫使头盔底缘与"拦截者"身体护甲领子之间的部位也能得到防弹保护，能更好地适合士兵防弹衣，即使完全防护时行动也不受限制，防弹、防碰撞和防爆炸性能有很大提高。

我军单兵系统数字化头盔的盔形设计在充分借鉴国外先进头盔特点的基础上，根据我军士兵特点，按照人机工学的设计原理采用了内空结构设计，力求做到"一盔通用"，确保了头盔佩戴的战术适应性；同时，采用无帽檐、高轮廓、浅盔体、耳廓后移、弱化耳廓等部位的鼓翅效果等设计，在保证数字化头盔盔体有效防护设计的同时，尽量减小头盔的整体重量；通过合理设计安全间距，保证了盔体内部空气的流通，也有效地提高了头盔的舒适性。

3. 衬垫和缓冲结构

尽管头盔的壳体能够在一定程度上防止高速动能子弹穿透头盔，但是仍会导致头盔产生变形，头盔背面接触头部或者冲击波传递到头部，仍然可能导致颅脑产生严重损伤。因此，衬垫和缓冲结构的设计，对于头盔而言同样至关重要。衬垫的作用，除了弥补头盔尺寸和形状的差异，使得头和头盔有一个稳定舒适的接触，还能保证头盔与头部处于最佳的保护间隔距离，从而优化头盔内部通风、传热效果，减缓由于弹道冲击引起头盔瞬间变形造成脑损伤的问题。

头盔衬垫材料通常包括聚氨酯泡沫（PU 泡沫）或者聚苯乙烯泡沫（EPS 泡沫），也有的采取间隔织物作为缓冲衬垫。例如美军 ACH 的衬垫，即选用 TEAM WENDY 制造的一种PU 泡沫材料。ACH 内部有 7 块拆卸式记忆泡棉，依靠头盔内部的粘片固定，可以根据头型自己调节，如图 3 - 4 - 1 所示。新推出的 IHPS 头盔的内部衬垫与 ACH 一脉相承。

公开信息显示，早在 1955 年，就有相关专利申请采用各种织物和泡沫材料作为头盔缓冲的技术设计，在德国专利（DEG0019938）中，公开了由多层复合结构组成的头盔缓冲结构及其制造方法，其缓冲衬垫可以是各类织物，优选玻璃纤维。1966 年英国专利（GB1966021179）采取聚氨酯衬垫作为冲击吸收材料。1969 年，GENTEX公司申请了一件防护头盔的防弹罩的专利，通过将切割和缝制成头盔形状的织物安装在头盔内，形成可以吸收冲击的内部衬垫。

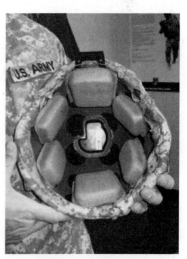

图 3 - 4 - 1　美军 ACH
的内部缓冲结构

从头盔衬垫和缓冲结构的专利申请趋势看，无论采取PU 泡沫、EPS 泡沫还是多层间隔织物，其技术一直都在不断进化发展，可见三种材料都具有各自的优点，技术也在持续改进。泡沫材料的优点在于其缓冲吸收能力更强，但是多层复合织物可以形成更加有效的阻隔效果。三种材料亦可根据需要复合使用，形成多层复合保护层。

3.4.2　悬挂系统

随着"士兵系统"概念的提出，数字化头盔上搭载的外置子系统越来越多，诸如头盔显示器、夜视仪、破片/激光防护目镜等，尤其是头盔显示器和夜视仪等有时还需要用支架形式与盔檐连接以实现翻转和调节，因此，对盔体以及盔载模块的随稳性要求更加突出，随稳性已成为数字化头盔工效性能的主要指标。

影响头盔随稳性的重要因素是头盔悬挂系统的结构特性、减震装置的弹性程度和紧固装置的紧固性能等。这需要依据头部的运动情况和头盔佩戴时的晃动情况进行分析设计，尽量避免帽箍和系带过紧或过松的现象，争取达到可自由调节松紧度的设计要求。针对数字化头盔重量偏重的现象，应该充分结合头部结构尺寸，进行防护面的优化设计，避免存在无效防护面积导致的重量问题，确保士兵在佩戴头盔时不会出现由头盔本身导致不舒服，从而影响作战机动性和反应灵敏性的现象。

目前比较主流的设计方案是采用内部悬挂系统代替柔性内衬与系带，悬挂系统既解决了减震、缓冲等问题，同时也确保了佩戴的稳定性，避免由于头盔晃动等原因影响到士兵的机动性和战斗力，更不会出现头盔尺寸不合适的情况。

早期的头盔悬挂系统通常为两点式，通过织带或者皮带，将头盔紧固在士兵的下颌部位，其目的仅仅是将头盔稳固地固定在士兵的头上，兼顾一些舒适性，例如通风、紧固、调节方面的设计。随后发展出三点式头戴悬挂结构，即从头后延伸到下颌的带子，可以更好地起到固定作用。OPS CORE 公司推出了更加先进的 X-4 点式头戴悬挂结构，并应用于 FAST 头盔上，让头盔更加舒适稳定。除了 X 悬挂还有 H 悬挂，另外还有的采用六点吊架式悬挂系统。

悬挂系统的减震装置是头盔减震缓冲的重要部件，当子弹或弹片等击中头盔时，内部悬挂的减震装置能够使传达到头部的力量减小，从而保护头部的安全，因此，减震材料的性能成为决定头部安全度的关键因素。另外，保证合适的缓冲距离（盔体内部与头表面之间的距离）也是非常重要的因素。如果距离过大，头盔的稳定性则不好；如果过小，就会产生盔体与头部之间挤压和碰撞的现象，外部力量击打时，对力的缓冲就会降低，进而降低佩戴的舒适度与安全性。

如今军用头盔多数采用的是高密度泡沫和皮垫结合的方式来减轻和分散外部的撞击力。例如，美国海军陆战队轻型防弹头盔（LWH）、MICH、ACH、ECH 以及 IHPS 头盔等都采用海绵垫式的头盔悬挂系统设计，以提供更良好的舒适度和防护能力。美国陆军 ACH 悬挂系统如图 3-4-2 所示，该悬挂系统采用可移动泡沫垫来实现个性化的悬挂和减震，提供防钝器袭击的能力，提高防爆炸保护性能和对其他非弹道撞击的防护性能，其四点式下颌皮带更有利于迅速调整，适合每个士兵的头部，佩戴更加舒适。

图 3-4-2　美军 ACH 悬挂系统

有些头盔没有减震泡沫，直接通过帽箍和帽顶的调节带对外力进行缓冲。帽顶采用防震圈，并增设皮件以减少压力集中现象；帽口组件和帽顶带均留有足量调节余地以适应不同头型人员佩戴。采用具有缓冲与紧急解脱功能的"三点式"佩戴系统，盔体与佩戴者头部始终保持良好配合和稳定连接，保证佩戴稳定可靠；设置紧急脱扣件，必要时可快速解脱。

随着技术的发展和现实军事需求的变化，头盔悬挂系统的发展没有停止，包括头盔内部的减震装置，从最早的布带、网面，到后来的可调整内垫，最近开始的内框架结构，都是为了更加舒适、稳定，同时减少对防弹层的影响。例如，2004 年，美国军工头盔生产商GENTEX 公司申请了一件轻质悬挂系统的保护头盔组件专利，包括壳体、悬挂带、可调节头带和冠垫，可调节头带和冠垫各自具有多个无螺钉连接器，共同调节到使用者头部的形状，并将可调节头带和冠垫直接固定到悬挂带上。与此同时，GENTEX 公司还申请了一件安全的紧固件专利，从而能够进一步减小因在头盔壳体开设固定螺孔对头盔防护效果的影响。在此基础上，GENTEX 公司还申请了一件用于防弹头盔的颈背垫/下颌带固定组件的专利，以在佩戴者的头上提高保持力和稳定性。美国陆军 2018 年申请了一件有关速率激活系绳的头盔悬挂专利，通过该悬挂系统，可以进一步提高对冲击能量的吸收效率。

总体而言，目前悬挂系统的技术发展方向仍然沿着如何配合头盔更好地扩展和安装更多的盔载设备以及如何更好地起到固定缓冲和吸收能量，不断产生新的技术构思和实现方法。

3.4.3　导轨系统

导轨系统主要用于配接各种盔载设备。如何结合不同的战场需求和装备配备，在通用性的基础上，设置更具扩展性的模块化导轨系统是数字化头盔结构设计面临的新挑战。

早期的头盔导轨系统主要用于和各类盔载设备（例如护目镜、夜视镜、遮阳板等）直接匹配，尚未产生标准化的可以灵活组配各类设备的导轨系统。例如，1956 年，英国公开了一种带有可伸缩眼罩的安全头盔，该头盔设有导轨和滑块，用于调整眼罩的位置。1978年加拿大采取类似的导轨结构，用于安装和调节面罩。1985 年，美国利顿公司推出了一种装有夜视镜和护目镜的头盔，其通过一对整体导轨将夜视镜和护目镜配接在头盔上。

近些年，随着数字化战场上盔载附件和应用设备的需求不断增加，通用化、模块化的导轨设计技术不断发展，各类通用可拓展的导轨系统逐渐推出。2005 年，美国 GENTEX 公司申请了一件头盔附件安装系统专利，该系统采用了一种安装导轨平台，通过该平台可以将多个附件方便地配接到头盔上。与此同时，GENTEX 公司还申请了一件专门用于配接耳机等配件的耳部导轨和铰接结构专利。此后各类通用的导轨系统开始广泛申请。

美军的 IHPS 头盔两侧各装有一段皮卡汀尼导轨，可以附加诸如夜视仪、摄像头等设备，如图 3 - 4 - 3 所示。为了更好的安装各类盔载光电设备，OPS CORE 推出了模块化的 ARC导轨系统，如图 3 - 4 - 4 所示，这是 OPS CORE 头盔的主要核心技术之一。通过 ARC 导轨，头盔两侧可以用于安装各类光电设备，例如手电筒、摄像头等，还可以将传统头戴式耳机改为通过导轨将耳机支架安装在头盔上，可以和头盔一体穿戴的形式。

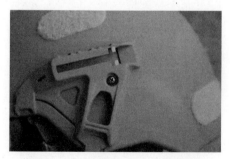
图 3 - 4 - 3　美军 IHPS 头盔导轨

图 3 - 4 - 4　美军 OPS CORE 头盔导轨

采用标准化导轨实现模块化后，无论是风镜、耳机，还是氧气面罩、摄像机，都可以直接安装到导轨上，并可根据不同的任务需求，更换不同的设备。目前有关头盔导轨系统的专利申请，仍处于快速增长阶段，特别是美国 GENTEX、SAVOX、THALES 等军用产品公司持续申请了各种导轨技术相关专利，值得持续关注。

3.4.4 盔内辅助系统

综合系统数字化头盔作为系统平台，安装各类通信单元、视听强化装置、夜视装置等之后，在提升单兵作战能力的同时也带来许多问题，其中两个突出问题就是电子设备的冷却散热，以及士兵使用头盔时的头部热舒适性问题。此外，当面临复杂极端战场环境时，头盔不仅是防护装置，也是重要的生命支持装置，需要辅助呼吸循环功能。

头盔的散热结构，包括通孔、特殊导热材质的应用，以及配接电扇等空气循环系统。早期的头盔通风散热装置，主要是用于头盔内腔本身的散热通风，以提高佩戴者的舒适度，通常采用通孔以及衬垫与壳体之间形成空腔进行通风散热。例如，早在1914年，就有英国专利通过设置通风孔，来提高飞行员的舒适度。1976年，美国海军研究实验室申请了一件通风头盔专利，该头盔在头盔壳的前顶部区域并沿着护目镜防护装置的侧边缘设置多个孔，从而降低风力喷射的空气动力学压力，增加通风和冷却，保持飞行员的舒适度。目前，世界各国的单兵头盔主要是通过悬挂系统的设计，利用衬垫与壳体之间形成空腔进行通风散热。

随着技术的发展，风扇、微型空调系统以及基于传感器、检测技术和控制技术的电子化盔内散热辅助系统，开始在特定应用场景下不断发展起来。1997年，宝马公司推出了一种带通风装置的头盔，其在头盔内部设置了一个风扇系统，以将空气输送至面罩。2009年，美国THALES公司申请了一件带有冷却装置的头盔专利，其装有电子冷却装置的耗散设备，特别适用于包含集成电子设备的头盔。2017年，美国FEHER TEVE公司申请了一件空调头盔的专利，该头盔包括被动和主动冷却系统，以及调节空气温度的装置，从而保证头盔内的温度适宜。

呼吸循环系统最早应用于飞行员头盔。早期的头盔呼吸循环系统，主要通过自然通风循环或者与头盔一体安装或配置呼吸器具提供呼吸支持，随着头盔可装配技术的发展，呼吸循环系统可根据需要装配至头盔上。例如，1993年，法国公开了一件防护头盔专利，应用于直升机飞行员，通过可滑动组件将呼吸面罩安装在头盔上，可以根据需要随时打开或者收回呼吸面罩。2000年，美国GENTEX公司也申请了一件定制头盔配件专利，该专利公开了一种位于头盔内部的前额穹顶和侧部的装配组件，通过该装配组件可以将呼吸面罩锁定在头部适当位置。

随着通信、传感和计算技术的发展，头盔的呼吸循环系统开始向智能化方向进化，通过集成的传感、检测、评估、控制系统，自动判断和检测呼吸循环系统工作条件并及时改善呼吸条件。例如，美国GENTEX公司2001年申请了一件空气循环加压安全头盔的专利，该头盔当传感器评估到外部环境空气具有危险性后自动启动短期自给式呼吸器；2019年申请的一件军用头盔、作战头盔或其他头盔的智能面罩的专利，该智能面罩可通过各类传感器检测呼吸频率、空气流量，并根据检测结果发出告警和调用呼吸装置改善呼吸条件。

3.5 头盔硬件结构技术发展建议

从盔体和盔罩技术发展历程看，头盔盔体材质和工艺经历了从金属材质到复合有机纤维材质的技术演进，目前 UHMWPE 材料逐渐成为军用头盔的首选，在此基础上，可进一步加强制备工艺和方法方面的技术改进，同时可考虑 UHMWPE 与其他材料的复合，进一步提高材料性能。衬垫和缓冲结构通常采取 PU 泡沫、EPS 泡沫或者多层间隔织物，三种材料都具有各自的优点，也都有进行持续的技术改进，可考虑采取缓冲材料和间隔织物的复合结构，开发标准化的可与头盔型号匹配的衬垫结构。盔形设计上，高轮廓、无帽檐、耳廓后移甚至切耳设计逐渐成为主流。盔罩的设计应当重点考虑图案防伪和光学防伪的结合，结合相关光学材料涂层，以降低被红外探测到的风险。

悬挂系统技术的发展方向除了传统的固定缓冲和吸收能量功能设计改进，还需要考虑到如何更好地稳固和加载各类盔载设备等因素，因此，应重点关注悬挂系统的稳定性和调节性设计，可以通过增加悬挂系统固定点来进一步提高稳定性，同时设置紧急脱扣等结构，以保证便利性。

导轨系统技术一方面需要考虑尽可能标准化多样化的适配各类盔载设备，同时也要兼顾导轨系统的设计和安装对头盔壳体结构及其防护效力的影响。导轨技术未来的发展，除了通过侧导轨安装，还可以根据需要在顶部和后部设置相应的安装结构。导轨和各种安装结构的设计，需要设置通用和标准化的统一接口，以保证装备配接的准确和稳定。值得一提的是，悬挂和导轨系统的设计，都需要综合考虑其对盔壳的破坏和介入将会对基础弹道防护效果产生的影响。

盔内辅助系统主要包括通风散热系统和呼吸循环系统，早期主要通过自然通风孔和盔内空腔形成的空气流动实现呼吸和通风。盔内辅助系统技术发展，在单兵数字化头盔配接越来越多光电设备的前提下，采用小型风扇和电子空调系统来辅助通风降温成为必要的技术选择。同时，也要注重通过结构设计和材料选择，形成良好的循环回路，更好地实现通风降温效果。通风降温部件的设置，应当综合考虑其他盔载设备与其在空间结构、电气连接等方面相适配。在呼吸循环方面，头盔部分的设计，应当主要考虑与面罩、气管等呼吸循环支持装置的接口匹配。考虑到头盔空间有限，其他呼吸循环装置，建议通过战术背包等途径承载。

综上，单兵数字化头盔的硬件结构设计，一方面需要考虑传统头盔的基础防护功能，充分借鉴传统头盔在结构方面的技术积累，另一方面需要关注数字化场景下电子信息系统的设计，通过配接各类盔载光电设备和监测、控制系统，更好地适应数字化条件下的战场环境以及头盔设计要求，提高综合集成支撑和自动响应能力。

第 4 章

头盔显示技术

头盔显示系统是数字化头盔非常重要的子系统之一，用于呈现包括前端探测采集的信息和后方下达的战场态势、战斗指令等视觉感知内容。最简单的头盔显示系统仅由图像源和光学系统组成，就能实现其基本功能，光学系统将图像源输出的图形图像放大显示在使用者人眼观察舒适的视野范围内，为使用者提供可视化图形图像。本章对头盔显示系统中的图像源及光学系统设计关键技术进行阐述，并介绍几种典型头盔显示系统的技术构成及其发展概况。

4.1 头盔显示系统组成

头盔显示系统最基本功能，是将图形图像呈现给使用者。因而最简单的头盔显示系统仅由图像源和光学系统组成。随着头盔显示系统不断发展，根据实际需求，还可以增加传感定位系统、电路控制系统以及外围辅助系统等选择模块。

图像源即为一种显示器件，承担头盔显示系统中图像信息显示的工作。在第一代和第二代头盔显示系统中多采用高分辨率（CRT）显示器，而现在的头盔显示系统多采用有源矩阵液晶显示器（AMLCD）、有机发光二极管显示器等平板显示器。平板显示器具有比 CRT 显示器功耗低、体积小、重量轻、工作电压低、更容易实现高分辨率显示等优点。

光学系统是头盔显示系统中最关键的组成部分，头盔显示光学系统将图像源输出的图像成像于使用者视野之中，光学系统决定使用者所观察到的图像的画幅大小、质量好坏、分辨率高低等，并能够直接影响使用者利用数字化头盔感知战场态势和战斗指令的能效。光学系统是头盔显示系统中重量较大的部分，灵巧轻便的光学系统可以大幅度提升头盔显示系统的便携性，因此轻量化光学系统是头盔显示系统主要的发展方向之一。

传感定位系统多基于超声波探测、电磁反馈、红外感应等技术原理，利用定位传感器获取目标的六自由度信息，并通过对使用者头部或者肢体动作定位，增加使用者与环境的交互性体验。电路控制系统主要进行图像控制，为减轻头盔显示系统的重量和体积，其可单独存在于头盔显示系统之外。外围辅助系统在头盔显示系统中主要起连接和配重作用，连接装置将头盔显示系统的各部分连通起来，实现实时通信；配重装置可以减小头盔在使用过程中的重心偏移量，降低使用者颈部负担，避免产生疲劳。

4.2　图像源关键技术

图像源按其形态不同，可分为 CRT 显示器和平板显示器。CRT 显示器存在电压高、体积大和质量大的问题。平板显示中的液晶显示器和发光二极管显示器在头盔显示系统中具有较好的应用前景。二者具有本质的区别：液晶显示器是一种被动发光显示器，通过改变外部光的透射率或反射率形成显示图像，具有低电压、低功率、体积小、质量小的优点；而发光二极管显示器是一种通过电致发光的主动发光显示器，由多个小发光二极管拼接组成，其较液晶显示器又具有低能耗、高亮度、高对比度的优点。

在液晶显示器中的每一个像素上配置一个二端子或三端子的有源器件，形成独立控制每个像素的开关，可以实现更高质量的图像显示，这种液晶显示器称为有源矩阵液晶显示器。利用有机材料制成的发光二极管显示器，称为有机发光二极管显示器，有机发光二极管显示技术可以实现曲面显示，并且可以进一步降低显示屏功耗，增大显示视场，现已成为美军军用显示器的重点。

4.2.1　有源矩阵液晶显示技术

有源矩阵液晶显示器中控制像素开关的有源器件可以为二端子器件（二极管），也可以为三端子器件（晶体管）。薄膜晶体管（TFT）属于一种三端子有源器件，其可以实现高清晰度、高分辨率和全彩色显示，本节以薄膜晶体管有源矩阵液晶显示器为例介绍器件结构、有源矩阵驱动原理及全彩色显示原理。

1. 器件结构

薄膜晶体管是一种以半导体薄膜制成的绝缘栅场效应晶体管。在有源矩阵液晶显示器中，每个像素上都利用薄膜晶体管作为开关器件，独立控制一个小的扭曲向列型液晶显示器（TN LCD），即薄膜晶体管有源矩阵液晶显示器。薄膜晶体管液晶显示器（TFT LCD）由背光源、玻璃基板（包括阵列基板和彩膜基板）、液晶屏部分、驱动 IC 和周边组件部分组成，基本结构如图 4－2－1 所示。在下玻璃基板上增加了薄膜晶体管开关器件组成矩阵部分。用于薄膜晶体管液晶显示器的液晶材料要求具有良好的光、热、化学稳定性，高的电荷保持率和高的电阻率，以及具有低黏度、高稳定性、适当的光学各向异性和阈值电压。

（1）背光源

液晶显示器本身不能发光，需要利用背光源以及液晶的光电效应实现显示。背光源作为光源，是决定显示器亮度的关键部件，根据光源类型不同，液晶显示器的背光源可分为发光二极管、冷阴极荧光灯（CCFL）、电致发光片（EL）三种。本书只介绍发光二极管。

发光二极管，是一种由 p 型和 n 型半导体组成的半导体器件。当对 p－n 结施加正向电压时，电流会从发光二极管的阳极流向阴极，p 区与 n 区的多数载流子在扩散区内进行复合，能量以光能释放出来使发光二极管发光。

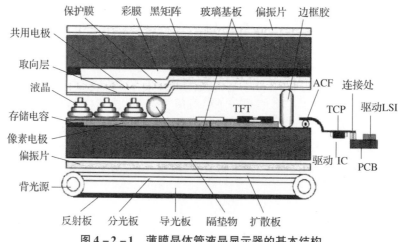

图4-2-1 薄膜晶体管液晶显示器的基本结构

发光二极管背光源具有很多优点，如光电转换效率高，彩色饱和度高，体积小，耐振动，耐冲击，不含有毒物质，低压供电，对人体安全，寿命超长，可发出从紫外到红外不同波段、不同颜色的光线等，这为其在显示领域的应用奠定基础。发光二极管背光源主要由发光二极管光源、导光板、扩散板、光学膜片、驱动电路（PCB）、塑胶框等组成，结构如图4-2-2所示。未来发光二极管背光源将向着更低成本发展。

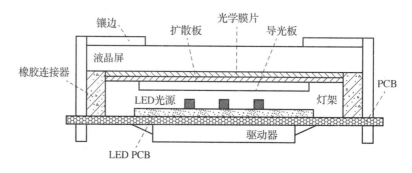

图4-2-2 发光二极管背光源的结构示意图

（2）玻璃基板

玻璃基板是液晶显示器使用的主要材料，根据玻璃种类不同，可分为碱玻璃、低碱玻璃和无碱玻璃。因有源矩阵液晶显示器对制造工艺要求较高，故使用无碱玻璃。

（3）彩膜

液晶显示器本身不发光，也不能实现彩色显示。液晶显示器实现彩色显示的方法之一就是运用彩色滤光膜，简称彩膜。在液晶屏的一块玻璃基板上制作出红、绿、蓝三种颜色的薄膜，当白光通过彩膜时，透射出来的光便会呈现出红、绿、蓝三种颜色，通过这三种颜色的混合，形成需要的各种颜色。

在薄膜晶体管液晶显示器的显示面板中，彩膜的成本比较大。因此，彩膜的质量及其技术发展对薄膜晶体管液晶显示器的质量至关重要。彩膜由玻璃基板、彩色层、黑矩阵、保护层及氧化铟锡（ITO）共用电极组成，其结构如图4-2-3所示。

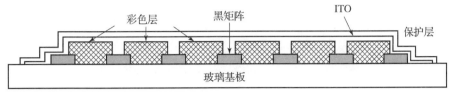

图 4 - 2 - 3 彩膜的结构

玻璃基板为彩膜的载体，为避免在制作过程中彩膜基板与阵列基板的玻璃材料热膨胀不同而影响良品率，两种基板的玻璃型号应相同。彩色层采用红、绿、蓝三种染料，光刻成与阵列基板像素电极大小的图形，位于阵列基板的对面。在光照下透过产生红、绿、蓝三基色光，利用三基色混色原理实现彩色显示。为了保证光线在液晶显示器的像素电极和彩膜之间不发生偏移，彩膜都放置在液晶屏的内部。彩色层具有滤光的功能，一般需具备耐热性佳、色彩饱和度高与穿透性好等特点。

黑矩阵位于三基色彩色层的间隙处，利用由溅射或涂布方法制备的如 Cr 及树脂等不透光材料光刻成相应图形。黑矩阵有两个作用：一是分割各种颜色层以提高对比度，防止混色和像素间串色；二是起遮光的作用，遮挡薄膜晶体管，防止光照产生光生电流，造成薄膜晶体管关态电流增大的问题。

保护层用来保护彩色层，增加表面的平滑性，作为黑矩阵与透明电极氧化铟锡层的绝缘层，以及隔离液晶和防止污染。ITO 共用电极是液晶显示器的一个电极，与阵列基板的像素电极构成正负极驱动液晶分子旋转。

（4）液晶屏部分

在阵列基板和彩膜基板制作完成后，两块基板要对合制成液晶屏。在断面结构中可以看到液晶材料、取向层、隔垫物、偏振片。取向层用来控制液晶分子的取向排列，隔垫物用来控制液晶屏的厚度，偏振片用来形成偏振光控制光的透光率。

（5）阵列单元像素

薄膜晶体管在液晶显示器中的结构和单元像素结构如图 4 - 2 - 4 所示。每一个像素都由栅极、绝缘层、a - Si：H 有源层、$n^+a - Si$ 欧姆接触层、源极、漏极、像素电极、扫描线、信号线、引线电极、存储电容（Cs）组成。

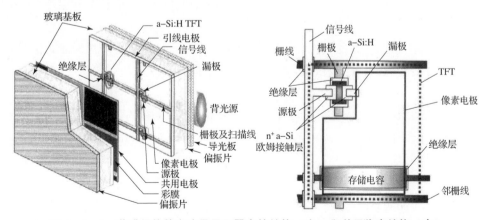

图 4 - 2 - 4 薄膜晶体管在液晶显示器中的结构（左）和单元像素结构（右）

薄膜晶体管的栅极是开关电极，绝缘层用于分隔栅极与源极、漏极和信号线。扫描线与薄膜晶体管的栅极相连，控制一行薄膜晶体管器件的开关。薄膜晶体管的漏极与信号线相连，源极与像素电极相连。当薄膜晶体管开关导通时，信号线上的信号由漏极经过薄膜晶体管开关传到源极上，加到像素电极的液晶分子上，控制液晶分子的扭曲。引线电极在阵列基板的边缘，与驱动 IC 等模块组件相连。

2. 驱动原理

电磁场、热量都可以改变液晶分子指向矢的排列方向，从而改变液晶屏的光学特性。利用外电场的作用改变液晶分子排列的过程称为液晶显示器的驱动。驱动方式分静态驱动和动态驱动两大类。静态驱动方式在每一个像素连接一个电极，直接施加电压驱动像素。电极之间相互独立，不会互相影响，但需要的电极引线数目多；动态驱动方式用时间信号分时驱动多个像素，又称为时间分割驱动。电极引线数目减少，但是相互之间会产生影响。有源矩阵驱动属于动态驱动方式。

（1）有源矩阵驱动特点

有源矩阵上基板的电极只有一个共用电极。下基板有行电极和列电极，分别为扫描电极和信号电极，行和列的交叉点处连接一个开关器件，每一个开关器件控制一个像素电极，开关器件控制着像素选通和非选通，有效避免由于相邻或邻近电路之间非正常耦合，导致部分电路信号相互影响，进而影响区域亮度与色彩的问题，这种现象称为交叉串扰。

采用薄膜晶体管作开关器件的液晶显示器，扫描行数从理论上可以达到无穷，可实现大容量的信息显示，薄膜晶体管液晶显示器实现了液晶显示器高分辨、高像质、真彩色显示。

（2）逐行扫描驱动原理

1）行电极逐行选通。有源矩阵液晶显示器的扫描电极从第一行开始依次扫描，在任意时刻，有且只有一行的所有薄膜晶体管被扫描选通而开启，其他行的薄膜晶体管都处于关闭断开状态。

2）列电极同时施加时序信号。列电极信号线同时施加显示图像的信号电压，通过开启的薄膜晶体管传到像素电极上，因此时只有一行薄膜晶体管被扫描选通而开启，只会影响到该行的显示内容，对这一列上行未被选通的薄膜晶体管处于断开状态，信号电压加不到像素电极上，对相邻像素没有影响。

3）信号电压对液晶像素电容和存储电容充电。扫描行的薄膜晶体管导通，信号电压对像素电容和存储电容充电，存储在两个电容上。在液晶电容（C_{lc}）上的电位差驱动液晶分子扭曲实现显示。

由单元像素等效电路组成了有源矩阵液晶显示器的等效电路，如图 4-2-5 所示。当扫描线 X_i 上加高电压时，连接在 X_i 上的薄膜晶体管全部打开。与此同时在信号线（$Y_1 \sim Y_m$）上把所有要显示图像的时序信号送到各个信号电极上，加到薄膜晶体管的源极上。信号电压同时给液晶电容和存储电容充电。图像信号便通过该行上开启的薄膜晶体管将信号电荷加在液晶像素上实现液晶显示。

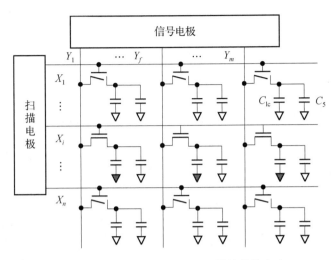

图 4 - 2 - 5　有源矩阵液晶显示器的等效电路

4）存储电容放电维持画面显示。当扫描下一行时，扫描线 X_i 行扫描结束，变成为 0 或低电压，该行上所有薄膜晶体管关闭。存储电容放电，给液晶像素电容充电。维持液晶像素图像显示将保持一帧的时间，直至下一帧再次被选通后新的电压到来，液晶电容和存储电容上的电荷才改变。

5）完成一帧后，重复上述过程。从第一行扫描线依次扫描到最后一行所用的时间为一帧，扫描完一帧后，再重复前面步骤，便可显示出需要的图像。

有源矩阵液晶显示器的驱动中，扫描电压称为寻址的开关电压，信号电压称为显示的驱动电压。有源矩阵液晶显示器可以实现寻址的开关电压和显示的驱动电压之间分离，消除交叉串扰，获得高质量显示。

3. 彩色显示原理

液晶显示器的彩色显示是利用红、绿、蓝三色彩膜的加法混色获得。背光源的白光射入液晶层，通过不同程度地控制每个像素上液晶分子的扭曲，照射到彩膜上红、绿、蓝三基色染料的光不同程度地通过，形成不同颜色的光，在人眼混合形成彩色图像，如图 4 - 2 - 6 所示。因此，彩膜决定液晶屏的彩色特性，是液晶显示器的重要组成部分。

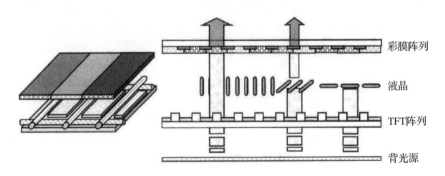

图 4 - 2 - 6　彩色显示的原理

彩膜的红、绿、蓝色加法混色的配色方式有三种：条状方式、三角形方式和马赛克（或称对角）方式，如图4-2-7所示。由于条状方式布线简单，常采用这种形式，三角形方式在显示视频图像时，图像边缘更光滑，但要求驱动IC能够支持这种方式。

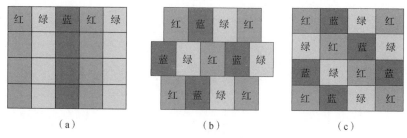

（a）　　　　　　　　　（b）　　　　　　　　　（c）

图4-2-7　彩膜配色方式

（a）条状方式；（b）三角形方式；（c）马赛克方式

4.2.2　有机发光二极管显示技术

有机发光二极管显示器（OLED）根据驱动方式不同，可分为有源矩阵有机发光二极管显示器（AMOLED）和无源矩阵有机发光二极管显示器（PMOLED），二者的发光器件与发光原理相同，但是AMOLED采用有源器件分别控制每一个像素单元实现发光，能够完全发挥出有机发光二极管显示器的优势。

1. 器件结构

有机发光二极管器件属于夹层式结构，发光材料夹在两侧的电极内。阳极材料一般使用氧化铟锡材料作透明电极，阴极一般选择功函数低的金属（Mg、Li、Ca等）。发光材料层通常是利用蒸镀法或者旋涂法制备单层或者多层有机薄膜。有机薄膜辐射的光经由透明电极一侧射出，可以获得面发光。有机薄膜应具有发光、电子传输、空穴传输功能。按照有机薄膜的功能结构可以分为单层、双层、三层、多层及堆叠结构的器件。

（1）单层结构

单层结构有一层有机材料，夹在氧化铟锡阳极和金属阴极之间，是最简单的有机发光二极管器件，如图4-2-8所示。早期的有机发光二极管都采用单层结构。有机材料层是发光层，兼具电子传输和空穴传输功能，可以是单一材料、掺杂体系，还可以是多种物质组成的均匀的混合物。器件结构工艺简单，常用在聚合物电致发光器件和掺杂型有机发光二极管中。

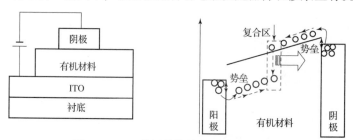

图4-2-8　单层结构的有机发光二极管

阳极与阴极必须与单层有机材料的最高占据分子轨道（HOMO）能级和最低未占分子轨道（LUMO）能级匹配。有机材料必须具有双载流子传输的性质及良好的发光特性。多数有机材料都是单极性的，适合一种载流子传输。单层器件的载流子电子和空穴的迁移率差距大，载流子的注入及传输很不平衡，会使电子和空穴的复合区自然靠近某一电极，导致电极对发光的淬灭，器件效率很低或者不发光。对于小分子材料，单层结构器件没有实用价值，只有在进行有机材料的电学和光学性质研究对比时才会用到。

（2）双层结构和三层结构

双层器件含有两层有机材料。根据有机材料功能结构的不同，又分为双层 A 型和双层 B 型，如图 4 – 2 – 9 所示。其中 ETL、EML 和 HTL 分别为电子传输层、发光层和空穴传输层。双层 A 型器件，发光层与电子传输为一层，空穴传输层单独为一层。双层 B 型器件，空穴传输层和发光层为一层，电子传输层单独为一层。

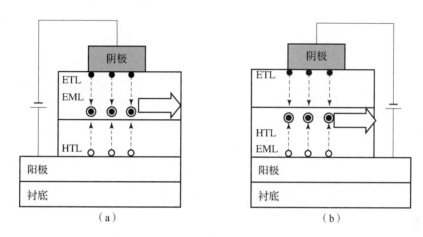

图 4 – 2 – 9　双层结构的有机发光二极管

（a）双层 A 型；（b）双层 B 型

双层结构的电子和空穴复合区远离电极，平衡了载流子的注入速率，有效地调节注入器件的电子和空穴的数目，提高了器件的发光量子效率和器件的稳定性。在有机发光二极管中，很多有机材料都具有很好的发光性能。材料的带隙和能带的匹配关系决定了发光是来自空穴传输层还是电子传输层。一般来说，发光多是来自带隙相对较小的材料。当采用宽带隙的材料作电子传输层时，就可以得到来自空穴传输层的发光。

与单层结构的器件相比，双层结构增加了电子传输层或者空穴传输层，效率明显提高。采用高迁移率的材料作传输层可以增强对电子或者空穴的传输能力，降低器件的工作电压。提高传输层的载流子密度可以增加形成激子的概率，能够提高器件的亮度。传输层可以调整电子和空穴传输的平衡，避免或减少因器件中一种载流子数量过剩，降低泄漏电流，提高器件的发光效率。

三层结构也分三层 A 型和三层 B 型两种。三层 A 型由电子传输层、发光层和空穴传输层三层有机层组成，如图 4 – 2 – 10（a）所示。三层各自行使其功能，对材料选择和优化器件性能十分有利，是目前有机发光二极管中最常用的一种。三层 B 型由空穴传输层及发光层组成一层、激子限制层（ECL）单独为一层、电子传输层及发光层组成一层，如图 4 – 2 – 10（b）所示。

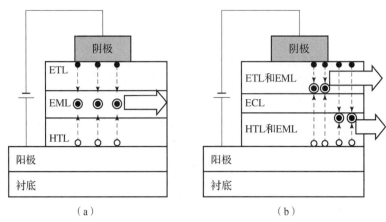

图4-2-10 三层结构的有机发光二极管

(a) 三层 A 型；(b) 三层 B 型

通过调节激子限制层的厚度可以调节发光位置，控制两侧中的某一侧发光，以及调节发光颜色。通过恰当的激子限制层厚度设计，可以使其上下的两层同时发光，将两种不同颜色的光混合得到白光。

（3）多层结构

多层结构中增加注入层、阻挡层等功能层，优化及平衡器件的性能，充分发挥各功能层的作用，如图4-2-11所示。各功能层的作用是由能级结构以及载流子传输性质所决定的，要求发光层和阴极之间的各层有良好的电子传输性能，发光层和阳极之间的各层有良好的空穴传输性能。但多数有机材料的迁移率很低，传输性能差，只有在较高电场强度下才能实现有效的载流子注入和传输；有机薄膜的厚度不宜太厚，否则器件的驱动电压太高，失去了有机发光二极管实际应用的价值。

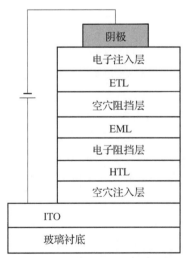

图4-2-11 多层结构的有机发光二极管

注入层包括电子注入层（EIL）和空穴注入层（HIL），可以保证有机材料与电极间良好的附着性，还可以使氧化铟锡阳极和金属阴极的载流子更容易注入有机薄膜内，降低器件的工作电压，提高发光效率，增强发光稳定性。

阻挡层包括电子阻挡层和空穴阻挡层，可以阻止电子或者空穴运动到相反的电极，减小直接流过器件的电子泄漏电流或者空穴泄漏电流，提高激子的产生及复合概率，提高器件的效率。在双层或三层结构的器件中，空穴多于电子，有较大部分空穴形成泄漏电流，利用空穴阻挡层来限制空穴流动到对面电极是非常有必要的，可以显著提高器件的效率。

一般阻挡层兼具传输层作用，也有阻挡层与传输层单独成层的结构。要求阻挡层本身不能发光，有较高的离合能和电亲和势，不能与两侧接触的发光层与传输层发生相互作用。

带有掺杂层结构是指将有机荧光染料掺杂入有机功能层中的器件结构。在电子传输层、空穴传输层等具有较高激子能量的材料中掺杂有机荧光或磷光染料，可利用能量转移实现受激的基质分子到染料分子的能量转移，从而实现染料分子的发光。掺杂了染料分子后，可以提高发光亮度和发光效率，改变发光颜色，并可以提高器件寿命。目前带有掺杂层结构的器件稳定性最高，性能也很好。另外，白光器件多采用带有掺杂层的器件结构。但带有掺杂层结构的器件本身也有缺点，随着时间的推移，容易出现互相分离，导致掺杂得不均匀，影响器件的性能，降低发光效率。

（4）堆叠结构

量子阱结构是采用两种或两种以上薄膜重复生长制作的多层堆叠结构。有单量子阱（QW）或多量子阱（MQW）。量子阱结构的有机发光二极管的优点是不受载流子传输层和发光材料能级匹配和厚度匹配的限制，提高了器件的发光效率，随着电压升高，发光颜色发生变化。

垂直堆叠结构是采用多种颜色的自发光器件堆叠在一起的多层结构，是实现彩色单元像素的一种方法，如图 4 - 2 - 12（a）所示。垂直堆叠结构的优点是每个自发光器件分别由各自的电极控制，且有一个公共的地电极，其等效电路图如图 4 - 2 - 12（b）所示。

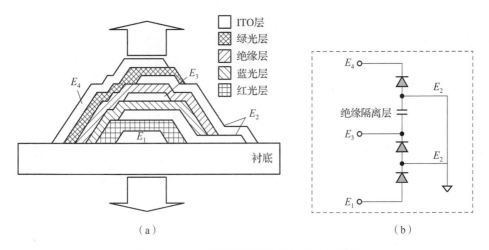

图 4 - 2 - 12　垂直堆叠结构及其等效电路图

（a）垂直堆叠结构；（b）等效电路图

2. 发光原理

有机发光二极管是利用能态跃迁发光的器件，其发光原理分为四个步骤，分别为载流子注入、载流子传输、激子形成以及电子、空穴复合。有机发光二极管的发光过程如

图 4 – 2 – 13 所示。

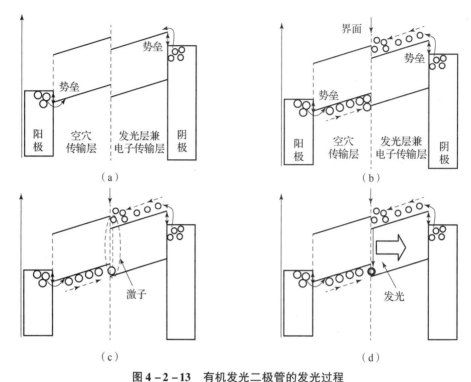

图 4 – 2 – 13　有机发光二极管的发光过程
（a）载流子注入；（b）载流子传输；（c）激子形成；（d）复合发光

（1）载流子注入

载流子注入指电子和空穴从电极注入器件内部的过程。有机发光二极管有阴极和阳极两个电极，电子从阴极注入，空穴从阳极注入。阳极、阴极的能级和有机薄膜的能级差值，称为界面势垒。

当在阳极和阴极上加上小于 10 伏的正向电压后，在厚度为几百纳米左右的薄膜层上，可产生约 10^6 伏/厘米的高电场。在高电场下，空穴和电子可以克服界面势垒，由阳极和阴极有效地注入器件内部，分别进入空穴传输层的 HOMO 能级和电子传输层的 LUMO 能级，形成带正电的空穴和电子。

界面势垒决定器件的特性，两个电极和有机物之间的界面势垒较大时，器件需要加更大的电压才能够克服势垒注入载流子。克服势垒需要施加的最小电压称为器件的开启电压。要降低开启电压和提高发光效率，就必须减小势垒高度。常采用改变有机物分子结构来调节 HOMO 和 LUMO 能级，选择具有合适功函数的电极材料实现能级匹配，有效地注入载流子。

（2）载流子传输

载流子传输是指注入器件内部的电子和空穴在外加电场的作用下在电子传输层与空穴传输层内传输到界面或者发光层的过程。

有机材料的载流子迁移率比较低，但有机发光器件采用薄膜结构，在几伏的电压下就能在发光层中产生大约 10^6 伏/厘米的高场，在高场的驱动下载流子在传输层内的传输就容易多了。载流子在有机传输层内的传输是一种跳跃式传输过程，在电场的驱动下，电子和空穴可以分别从一个分子轨道跳跃到另一个分子轨道，最终传输到界面。

大多数的有机材料只对某一载流子有较好的传输能力，因而电子和空穴在同一有机层中的传输速度是不平衡的，迁移率不同。所以，采用单层薄膜结构时，注入的载流子不能很好地传输，器件中一种载流子数量过剩，过剩载流子会通过器件内部传输到电极处形成泄漏电流，导致不能有效地复合，发光效率低。而采用双层或多层结构，可以同时增强电子和空穴的传输能力，提高发光效率。

（3）激子形成

在分子间跳跃传输着的电子和空穴相距很近，或者当电子和空穴处于同一个分子上时，由于库仑吸引力作用使得两者束缚在一起所形成的整体称为激子。激子的能量更低，可以在有机材料内以自由扩散的方式不停地运动，平均扩散长度为几十纳米，寿命约在皮秒至纳秒数量级。在电致激发形成的激子中，单重激发态（S1）激子与三重激发态（T1）激子的数量比为 1:3。

（4）复合发光

激子在一般环境下不稳定，要重新回到稳定的状态，需要以光和热的形式释放能量，这便完成一次电子发光过程所示。因此激子的复合也是处于激发态的载流子从高能激发态回到基态的过程。单重激发态的激子跃迁复合，发出的光是荧光，三重激发态的激子跃迁复合发出的光是磷光。

单重激发态的自旋方向与基态相同，从单重激发态回到基态复合容易，寿命短；三重激发态的自旋方向与基态相反，从三重激发态向基态的跃迁属于自旋禁戒，只能衰减，寿命较长。因此单重激发态的激子跃迁发射荧光更容易。处于激发态的激子也可以通过其他非辐射复合的方式释放能量，如内转换、外转换、系间跨越等，但是这样会降低有机发光的效率。要提高有机发光二极管发光效率，可通过改善器件的结构和制备技术，优化电极材料、发光材料、载流子传输材料，选择能级匹配的材料，研究二重激发态磷光的利用率等方式。

有机发光二极管通过在阴极和阳极之间施加正向电压，电子和空穴分别在电子传输层和空穴传输层传输后在发射层中相遇，复合成光子形成射光透过玻璃板发出。改变有机发光二极管材料类型可以改变发光颜色，改变电流大小可以改变光强度。

3. 结晶优化技术

当利用薄膜晶体管作为有源器件分别控制有机发光二极管中每一个像素单元实现发光时，薄膜晶体管的结构形式以及制作工艺技术会影响显示器的显示性能。薄膜晶体管的种类有很多种，如非晶硅、多晶硅、微晶硅、氧化物和有机薄膜晶体管等，其中多晶硅具有载流子迁移率高、稳定性高等特点。根据制作温度不同，有高温多晶硅技术和低温多晶硅技术。低温多晶硅技术可以使用大尺寸、价格低廉的玻璃基板，又能让基板上的非晶硅薄膜有较高的结晶度，目前用于量产的中小型有源矩阵有机发光二极管中。

但由于多晶硅的生长特点，每一个薄膜晶体管的阈值电压、载流子迁移速率和串联电阻并不一致，造成了低温多晶硅的特性具有很大的不均匀性，这就导致利用低温多晶硅驱动有机发光二极管时，存在显示器亮度不均匀和灰度不精确的问题，采用多种结晶化技术、优化结晶方法可以有效改善这一问题。

（1）准分子激光退火技术

准分子激光是非晶硅薄膜吸收率较高的波段。扫描线状激光束通过光学系统扩至0.4毫米宽、能量密度均匀分布的长条形激光，利用激光能量集中的特点，在低温下使基板上的非晶硅薄膜依次在准分子激光退火处理下结晶化，形成多晶硅薄膜。但是该种技术限制了激光束的大尺寸以及薄膜晶体管的均匀性，增加冗余驱动电路、改善光学系统扩展激光技术、使用较便宜的连续波二极管泵浦的固态激光器技术等可改善薄膜晶体管不均匀的问题。

（2）连续横向结晶技术

连续横向结晶技术利用掩膜板限制激光束尺寸，在非晶硅薄膜基板上的某一范围照射激光束。配合基板的移动，在某些范围部分重叠的情况下，向紧邻位置照射激光束，横向有序地进行非晶硅薄膜结晶化。在低温下形成多晶硅薄膜的过程，具有晶界缺陷少、大晶粒、高性能的优点。采用连续横向结晶技术，可以解决薄膜晶体管均匀性问题。

（3）大晶粒技术

大晶粒技术是一种金属诱导结晶法，是在非晶硅基板上涂上微量镍形成晶核作为金属催化剂，然后在较低的温度处理下围绕晶核形成较大颗粒多晶硅薄膜。该技术不利用激光，便不受激光束长度限制，可以通过控制结晶的方向实现更高的迁移率。

（4）固相结晶技术

固相结晶技术是一种高温多晶硅薄膜晶体管技术，通过对非晶硅薄膜进行700 ℃左右的热处理，结晶成为多晶硅。在直接加热晶化基础上，通常可通过缩短加热时间、增加温度变化梯度、辅助外场手段等增加多晶硅薄膜的晶粒度。采用固相结晶技术，可在快速退火同时给非晶硅薄膜施加磁场，并且不需要昂贵复杂的设备，对基板尺寸没有要求。

4. 全彩色显示技术

AMOLED能够实现全彩色显示，是其非常重要的显示特性。全彩色显示技术有多种，如红绿蓝像素并置技术、色转化技术、多层膜堆叠技术和彩膜技术等，彩膜技术在有源矩阵液晶显示器中已介绍。

（1）红绿蓝像素并置技术

红绿蓝像素并置技术是在阵列基板的三个子像素上，分别制作红、绿、蓝三色发光层，利用三原色发光层独立发光，混色后实现全彩色显示。常用的发光层制备技术包括激光热转印技术、照射升华转印技术及激光转移技术等。该种全彩色显示技术发光效率高、稳定性高，但存在发光效率不均匀和寿命不一致问题，可以通过设计不同的驱动电路解决三原色发光效率不同的问题，可以通过增加补偿电路的方法解决三原色寿命不一致问题，但是这无疑会增加加工工艺的难度。

（2）色转换技术

色转换（CMM）技术利用蓝色发光材料制成蓝光OLED，激发色转换阵列上的染料类光致发光材料，材料吸收蓝光后，转换发出绿光和红光，形成三原色光，进而实现全彩色显示，如图4-2-14。色转换全彩色显示技术具有高发光效率，在大尺寸全彩色OLED中具有较好的应用前景。但其仍存在一些技术矛盾需要解决，如染料类的光致发光材料容易吸收环境中的蓝光，会使对比度下降；当分辨率增加时，各像素的发光会造成漏光或者相互干扰等。

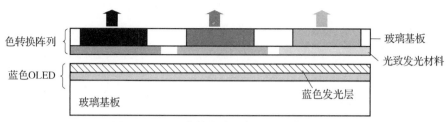

图 4 - 2 - 14　色转换全彩色显示技术的结构

（3）多层膜堆叠技术

该种技术是将红绿蓝三原色发光层堆叠起来，用单独的子像素控制发出的三原色独立发光，混合后实现全彩色显示，如图 4 - 2 - 15 所示。但是该种技术也带来一些问题，由于薄膜数量增加，薄膜生长控制困难，发光效率低。

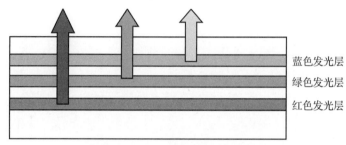

图 4 - 2 - 15　多层膜堆叠法的结构

4.3　光学系统关键技术

光学系统是头盔显示系统中最关键的组成部分，也是头盔显示系统中最具发展前景的部分，本节主要介绍头盔显示光学系统的结构，以及推动光学系统发展的光波导技术和自由曲面棱镜技术。

4.3.1　光学系统结构

图像源显示的图像或字符信息是一个较近的图像，佩戴数字化头盔的使用者需要通过眼睛调焦进行显示屏幕与外景切换观察，长时间使用会给使用者带来视觉疲劳。头盔显示光学系统将图像源显示的图像经过光学系统后可成像在无穷远处，这一过程称为图像准直。通过准直，给使用者感觉显示的图像在无穷远处，使图像源显示图像和远距离外景叠加不存在视差，这样在切换视角时，眼睛不需要调焦，同时降低使用者的视觉疲劳。假如图像没有被准直，那么当眼睛在出瞳内横向移动时，图像将会相对目标移动。为使使用者可以清晰准确观察到图像源的显示图像，头盔显示光学系统在图像源和使用者面部之间形成一个放大虚像，这一过程称为图像源中继。

目前，多数光学系统都采用显微镜正像目镜系统，整个系统大致由三部分组成，包括中继光学系统、目镜系统和光学组合玻璃。在头盔显示器中，中继光学系统将图像源成像在目镜系统的焦平面上，再经过目镜系统转变成平行光，经使用者眼前的光学组合玻璃将其投射到使用者眼中，如图 4 - 3 - 1 所示。

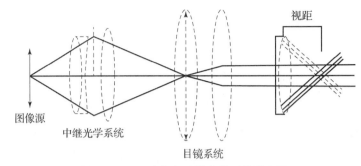

图 4 - 3 - 1　头盔显示器光学系统原理图

根据任务不同，光学系统结构存在较大差别，大体上可分为折射式光学系统和折反射式光学系统。

1. 折射式光学系统

最简单的头盔显示光学系统常采用折射、同轴结构形式。一般由组合玻璃（半反半透的平面镜）、准直透镜组组成。这种结构形式的光学系统成本低、像差小、亮度高，但也存在重量大、视场小和出瞳距离小等缺点。在折射式光学系统中，折射透镜用于准直，平面分光镜用于反射显示图像中特定波长的光。对于大多数头盔显示系统而言，光学性能接近衍射极限，物镜直径较大，尽可能增大视场，因此眼距较小。图 4 - 3 - 2 为简单折射式光学系统示意图。

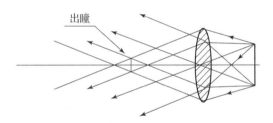

图 4 - 3 - 2　简单折射式光学系统示意图

根据折射式光学系统中是否含有中间像，折射式光学系统又可以分为无中间像（中继系统）光学系统（如图 4 - 3 - 3 所示）和含中间像（中继系统）光学系统（如图 4 - 3 - 4 所示）。无中间像光学系统体积小、重量轻、成本低、亮度高，但是该种结构的视场角较小，成像质量较差。含中间像光学系统增加了中继系统，增大像差校正能力，使其视场大、成像质量好，但是这样会使整个光学系统更复杂，体积和重量都相应增加，同时光能损耗变大，使成像的亮度变低。

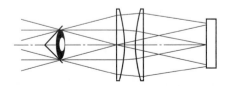

图 4 - 3 - 3　折射式无中间像光学系统示意图

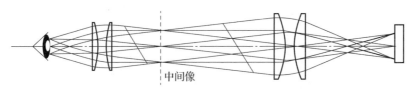

图 4 - 3 - 4 折射式含中间像光学系统示意图

2. 折反射式光学系统

当前更多的头盔显示光学系统采用了折反射式结构，在同等功效下，折反射式光学系统较折反射式光学系统重量轻、体积小、出瞳直径大、视场大。折反射式设计使用曲面组合玻璃进行图像准直，常利用头盔护目镜作光学系统准直和组合元件。

折反射式光学系统包含两种基本类型：同轴型，即旋转对称几何结构；离轴型，即旋转非对称几何结构。同轴系统使用一个平直光束分光玻璃和一个球面半透明组合玻璃，光学中继系统产生的图像投射到平面型光束分离器，经其反射到组合玻璃上，进行成像。该光学系统的优点是视场大、出瞳直径大、畸变低、重量轻；缺点是由于图像在平面光束组合玻璃中要通过两次，导致图像的显示亮度降低。典型的同轴折反射式光学系统如图 4 - 3 - 5 所示。

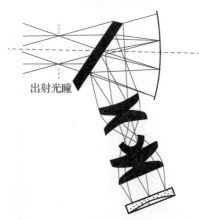

图 4 - 3 - 5 同轴折反射式光学系统

与同轴系统相比，离轴系统更容易将某些不利于观察和瞄准的因素从使用者的视场内移出，可以获得更大的视场；因此，大部分头盔显示光学系统均采用离轴结构。离轴系统的组合玻璃相对于显示器的光轴倾斜，像场中心的主光线以一个偏移或折叠角反射。图 4 - 3 - 6 表示一个具有球面组合玻璃的离轴倾斜折反射透镜光学系统。离轴折反射式光学系统的主要优点是可以提供高视透率和亮度，以及能在给定的视场范围内获得较大的出瞳距离；其主要缺点是光学设计较复杂，反射面的结构稳定性较低。

4.3.2 光波导技术

传统护目镜式头盔显示光学系统结构复杂，系统重量和体积偏大。若要提高显示性能，又不得不增加系统体积和重量，这会影响头盔显示系统的使用，也限制了其小型化的发展需求。

光波导技术作为最新的头盔显示技术之一，其利用光的全反射原理，实现了对虚拟图像

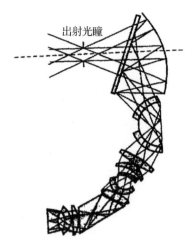

出射光瞳

图 4 - 3 - 6 离轴倾斜折反射透镜光学系统

的横向传输，输入、输出耦合系统可以使图像产生大角度的定向偏转，两者的结合，使在小型紧凑的光路结构下，仍可实现图像180°的偏转。将光波导技术引入 AR 头盔显示系统，使头盔显示系统结构更紧凑、重量更轻、体积更小、效率更高、显示性能更优质，且易于实现与环境景物叠加。

光波导技术可以分为几何光波导和衍射光波导两种。几何光波导即为所谓的阵列光波导，通过阵列反射镜堆叠实现光波导，该技术使用门槛较低，应用较广泛。衍射光波导主要有基于光刻技术的表面浮雕光栅波导和基于全息技术的全息光波导。表面浮雕光栅波导的核心是一些亚波长的刻蚀光栅，通过高效率衍射实现图像引导。全息光波导则是使用全息光学元件代替刻蚀光栅，实现虚拟图像引导。相比于刻蚀光栅，全息光学元件通过双光束激光全息曝光方式，直接在纳米级微光聚合物薄膜内干涉形成纳米级的光栅结构，因此全息光波导更加高效，成本较其他光波导技术也具有明显优势。

1. 几何光波导头盔显示系统的结构与原理

在头盔显示系统中，可以引入几何光波导技术。几何光波导的耦合系统为反射光学元件，输入耦合系统为具有一定倾斜角度的反射镜，输出耦合系统为倾斜角度呈特殊规律的部分反射镜阵列，通过反射镜改变传播过程中的光线角度。

几何光波导的结构如图4 - 3 - 7所示，目镜准直后的各视场平行光线通过反射镜耦合进入波导，此时光线在波导内满足全反射条件，沿波导自左向右横向传播，多次全反射后，到达部分反射镜阵列，光线部分反射部分透射，反射的光线从波导出射，透射的光线通过后续的部分反射镜继续反射，直到全部从波导出射，各视场的出射光线汇聚到使用者的眼睛，使用者可以观察到放大的虚像。

为了保证从输入耦合系统进入的光线方向和从输出耦合系统出射的光线方向相同，部分反射镜阵列的倾角和反射镜的倾角必须相等或者互为补角。当互为补角时，入射光与出射光在波导的同侧，如图4 - 3 - 7所示，而当部分反射镜阵列的倾角和反射镜的倾角相等时，入射光与出射光在波导的两侧，如图4 - 3 - 8所示。相比较而言，部分反射镜阵列的倾角和反射镜的倾角互为补角时，有利于减小系统的体积。

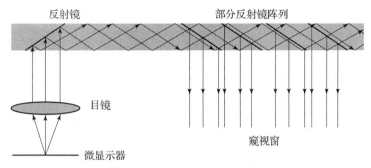

图 4 - 3 - 7 几何光波导的结构

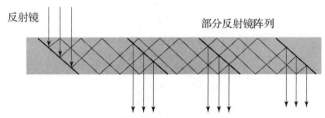

图 4 - 3 - 8 部分反射镜阵列的倾角和反射镜的倾角相等

2. 全息光波导头盔显示系统的结构与原理

全息光波导技术是一种更为高效的显示技术。全息光波导显示原理主要基于光的衍射与全反射。全反射特性，即需要一种光学媒介使光线在固定的状态下自由且高效率地传播。衍射特性即需要一种规律性的结构能够使不同波长的光在穿过它们的同时规律性改变传播方向。光线经过准直后入射至全息光栅，理想的光栅衍射级次只有 0 级以及 ±1 级，全息光波导显示技术利用 −1 级光线在波导内不断发生全反射，从而将光线无损地传输到出射的全息光栅处发生衍射，最终全反射条件被破坏，光线在出射光栅处出射耦合入人眼中。

全息光波导的结构与几何光波导类似，不同之处在于输入耦合、输出耦合系统为一组组合光栅，耦合系统为衍射光学元件，光栅起到转折光路的作用。最基本的全息光波导显示系统由微像源、准直透镜组、入耦合光栅，出耦合光栅以及平板波导组成，如图 4 - 3 - 9 所示。来自微像源的光经准直后照射至入耦合光栅，由入耦合光栅衍射，该衍射角度大于在波导中的全反射临界角，从而光线以全反射的方式在波导中横向传播到出耦合光栅。与入耦合光栅镜像对称的出耦合光栅再次将各视场的平行光衍射，使光线经过出耦合光栅出射后，出射角与进入入耦合光栅前光线的入射角相同，从而人眼得到与微显示器输出相同的图像，使用者可以看到聚焦于无穷远的虚像。因为无需折反射式光学系统中的中继透镜，整个头盔显示系统从重量到尺寸都大大降低，切实满足了实际应用中对头盔显示器小型化、轻型化的需求，是下一代头盔显示技术的重要研究方向。

3. 典型全息光波导头盔显示系统

陆航直 - 10 武装直升机使用的一种头盔显示系统，如图 4 - 3 - 10 所示。采用与歼 - 20 头盔显示系统相同的双目全息光波导头盔显示技术。该头盔显示系统采用了一个比双衍射镜片更先进的大型的衍射镜片，解决了双镜片视线盲区以及视差问题，同时更加安全。其能够在头盔显示系统的镜片上呈现高清的画质图像，包括瞄准信号、红外图像、飞行数据以及符

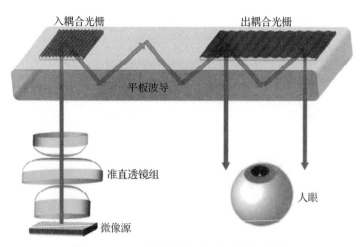

图4-3-9　全息光波导显示系统基本结构

号信息等，能够更加高效便捷地获取信息，极大地提高攻击效率和战场存活率。

2017年北京枭龙科技展出了一款军用全息光波导显示头盔，如图4-3-11所示。它采用高亮度微型显示器为图像源，以透明全息护目镜为显示屏，通过小型化光学系统将图像通过波导结构投射到人眼成像，可以显示战场态势、环境信息及士兵个人的身体信息和装备信息，增加人眼感知与敌我分辨能力，从而实现超视距或夜间协同作战，其可伴随使用者头部转动，以解决头盔显示系统本身视场有限的问题。

图4-3-10　陆航直-10头盔显示系统　　图4-3-11　北京枭龙科技全息光波导头盔显示系统

4.3.3　自由曲面棱镜技术

将自由曲面棱镜技术引入头盔显示系统，使头盔显示系统结构更紧凑、成像质量更高、亮度高。自由曲面棱镜头盔显示系统，即用自由曲面光学元件代替传统的目视光学系统，该系统由一个微型显示器和一个自由曲面透镜组成。自由曲面透镜通过一定的折反射后保证图像无畸变地传播到人眼当中。相比传统的头盔显示系统，自由曲面式头盔显示系统只需要一个光学镜片就可以完成图像的传输，有效缩短了整个光学系统的长度，在一定程度上解决了传统技术所带来的体积大、重量重的问题。

　　在自由曲面棱镜头盔显示光学系统中，常使用离轴光学面，将元件表面的中心进行倾斜和平移。这样一来，像散和畸变是影响系统成像质量的主要原因。然而，这两种像差常需要使用自由曲面取代传统球面或者非球面来进行校正。图 4 - 3 - 12 为自由曲面棱镜头盔显示光学系统的子午面剖面图。非轴对称的自由曲面，由于子午面和弧矢面曲率半径不同，因此焦距也不同。可以让这两个面在相互独立的情况下进行像差校正，将棱镜的面改用一至两个面的自由曲面，可以降低离轴造成的像差；同时，为保持放大后的影像比例，棱镜面上子午面和弧矢面的焦距会再经过适当的校正，确保整个系统子午面和弧矢面的焦距相同，以提高成像质量。

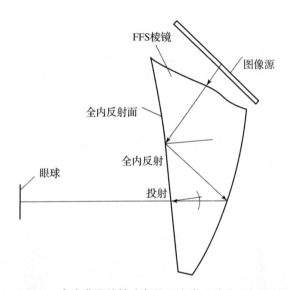

图 4 - 3 - 12　自由曲面棱镜头盔显示光学系统的子午面剖面图

　　由于自由曲面棱镜头盔显示系统中，并未使用中继系统，成像系统中所有元件只包含微型液晶显示器图像源和自由曲面棱镜，光线在该棱镜中被两次折叠，假如以相同的光路径长作为考量标准，元件真正占有的厚度与体积比常规的折射式和折反射式头盔显示系统小。在自由曲面棱镜头盔显示系统，光线在棱镜中发生两次反射，一次是在凹面镜上反射，另一次则是全反射，如果光线入射角度大于该面临界角，入射到全反射面上的光线将会 100% 反射。所以进行含有全反射面的自由曲面设计时，需要尽可能使入射此面光线的入射角大于临界角，满足全反射条件，能有效地保证系统高亮度的需求。

　　奥视科技基于自由曲面棱镜光学技术、高分辨率与高亮度 OLED 显示器技术开发的 Mono101 - 1500 即为一种自由曲面单目头盔显示系统。该系统可以在高亮度环境下正常使用，并且具有出瞳距离大、视场大等优点，未来陆军单兵头盔可以以此为发展方向深入研究。

4.4　典型头盔显示系统

随着近年来 VR 技术和 AR 技术的快速发展，结合 AR、VR 技术，提高战场信息获取、态势生成能力，日益成为头盔显示系统发展的主流。

4.4.1　VR 头盔显示系统

1. VR 头盔显示系统的技术构成

VR 技术通过计算机和电子技术高度复刻现实世界建模，创造一个看似真实的虚拟环境，并通过多种传感设备，增加使用者与虚拟世界的信息交互，增加使用者在虚拟环境中的沉浸感。VR 技术也能利用人的想象能力，通过搜集现实数据，虚拟出完全不存在的环境，还能够超越现存物理定律，进行新构想，从而拓展人的认知范围。VR 技术利用高分辨率显示设备将真实世界精确扫描复制，再现真实环境。

VR 头盔显示系统利用虚拟现实技术来实现图像源输出数字图像的呈现。通常，VR 头盔显示系统不从外界获取实时图像信息，使用者观察到的图像完全是由头盔显示系统本身生成的虚拟数字图像。VR 头盔显示系统主要由微显示器和显示目镜组成，利用光学目镜成像的方法将显示屏输出的图像呈现在使用者视野中，并基于人眼双目视觉原理，利用左右两只目镜视场的重叠部分引发使用者眼睛的双目视觉，从而引导使用者产生身临其境的感受。使用者在使用 VR 头盔显示系统时，与外界完全隔绝，只能看到头盔显示系统图像源输出的数字图像。

用于军事中的 VR 头盔通常利用 VR 技术将实时的外界环境信息以虚拟图像的方式提供给士兵。如 2004 年的美国陆军科学会议上，展示的陆军未来作战的头盔即采用了 VR 技术，其能将士兵周围环境地图透射到头盔显示屏上，士兵之间可以共享彼此信息，每一个士兵的实时信息也可以在指挥部的计算机屏幕上显示出来。

俄罗斯研制的一种可直接操控无人机的 VR 头盔如图 4－4－1 所示。无人机光学设备获取的影像可以与无人机的飞行参数以及目标信息相互叠加。士兵佩戴 VR 头盔，通过 VR 头盔显示系统产生一种与无人机上的摄像头同步运行的虚拟感觉，以提高士兵对战场态势的感知能力。俄罗斯还将 VR 头盔应用于士兵的日常军事训练，使士兵不受场地限制，感受逼真的训练环境，以提高士兵的战斗力。

图 4－4－1　俄罗斯研制的一种可直接操控无人机的 VR 头盔

无论是否将实时图像信息展示给使用者，典型的 VR 头盔显示系统的技术构成主要包括三维图形采集与处理技术、立体显示系统和交互数据采集系统。VR 技术需要依托现实环境进行数据收集而建立数学模型，进而进行虚拟图像的制作。三维图形采集与处理技术影响虚拟世界的逼真程度。立体显示系统用于将三维图形呈现给使用者。目前用得较多的显示装置多为液晶屏。在 VR 头盔显示系统中，通常利用陀螺仪等三维定位装置感应使用者的方位，通过数据手套和数据衣等装置实现人机信息交互。

2. VR 头盔显示系统技术发展

（1）大视场高分辨率技术

VR 头盔显示系统营造的虚拟环境真实程度越高，给使用者带来的沉浸感越强。为提高头盔显示的沉浸感，必须尽量提高其目视光学系统的视场；同时满足大视场高分辨率需求，需要采用大视场高分辨率技术。

该技术可以利用人眼视觉特性，合理分配显示内容。具体实现方式可以分成三种：一是利用人眼小凹成像的特性，仅对关注区域进行高清化显示。通过眼球跟踪装置，对使用者的眼部跟踪，获得使用者关注区域，将使用者关注区域的小视场的高清图像重叠在大视场范围内的一幅低分辨率的背景图像上。这种方法对眼球跟踪装置要求较高，结构也比较复杂。二是利用双目分视技术，使用者两只眼睛分别观察大视场低分辨率图像和中心区域小视场高分辨率图像。这种方法成本低廉，但是使用者只能观察到中心区域的高清晰图像，且无法产生立体效果。三是利用双目交叠技术，使用者的双眼观察到的视场只有中心一部分重合，从而在不损失分辨率也不增加头盔显示系统复杂程度的前提下增大水平方向的总视场，显示原理如图 4 - 4 - 2 所示。但是这种方法要求低畸变的光学系统，设计装调难度较大，同时可能给使用者带来合像困难、视觉疲劳等问题。

图 4 - 4 - 2　双目交叠显示原理

该技术可将多个具有较小视场角的显示通道通过光学拼接方式合成，以获得大视场。光学拼接将一系列（N 个）小视场、高分辨率的显示单元按特定的方式排列安装在一起，在相接的区域采取部分视场重叠的方式消除缝隙。拼接式头盔显示系统将视场扩大到近乎原来的 N 倍，并且在整个视场内的角分辨率与原来相同。这可以完全解决视场和分辨率之间的矛盾，实现真正意义上的高分辨率大视场头盔显示系统，非常适用于沉浸式的虚拟现实环境。但是该技术需要多个显示通道，结构复杂，拼接装调相对困难。传统的旋转对称目镜系统的光学拼接还会造成有效出瞳距离和有效出瞳直径的减小、视点畸变等问题。然而，这些缺陷在自由曲面光学拼接中可以得到校正。由于自由曲面的非对称特性以及高自由度，在设计各个自由曲面子通道的时候可以让其光轴与人眼视轴重合，从而消除视点畸变与梯形畸变。通过控制表面面型可以保证系统的有效出瞳距离与出瞳直径。关于自由曲面棱镜头盔显示系统的结构和优点可参考前面的介绍。

（2）多焦面技术

当前大多数立体显示设备为使用者营造的立体感都是通过显示具有一定视差的图像引导使用者双眼形成特定会聚角。但由于使用者的眼睛通常聚焦到所显示的图像的位置，与双眼会聚的位置不一致，给使用者带来视觉不适和视疲劳，所以为了让使用者获得舒适的虚拟现实体验，需要在头盔显示系统中，引入调节人眼聚焦距离（即显示的图像的深度）的功能。

多焦面技术是指通过构建多个具有不同深度的虚拟图像焦面，并将待显示的三维物体渲染到不同焦面上的技术。不同焦面的场景相互融合形成有立体感的三维图像，可有效地改变人眼的调节距离，产生具有真实感的立体视觉。现有的产生多个焦面的方法主要有两种：分时复用式与空间并行式。

分时复用式多焦面头盔显示系统在某个特定时刻只具有一个深度的焦面，通过自身光焦度或者物像关系的变化使得系统的焦面在几个特定深度之间迅速切换，进而生成若干焦面。但由于受到人眼最小刷新频率和液体透镜或变形镜、微型显示器刷新频率的限制，一个微型显示器和液体镜头或变形镜可以生成两到三个焦面，如果需要更多的焦面则需要额外的分光镜和液体透镜或变形镜。

空间并行式多焦面系统通常需要多个显示器，多个光学显示通道获得多个焦面。空间并行式多焦面系统能够同时显示数个不同深度的图像，但是这会使显示系统的结构复杂，实现困难，目前仍然难以实现具有多个焦面的轻小型头盔显示系统。

（3）利用单眼视觉的技术

为解决眼睛聚焦与双眼会聚位置不一致的问题，可以利用单眼视觉技术。单眼视觉技术的基本原理就是让一只眼镜能够观察近处的物体而另一只眼镜观察远处的物体，如图4-4-3所示。尽管左右眼不能同时看清物体，但单眼视觉头盔显示系统相对于传统视差型头盔显示系统能让使用者识别目标更加精确，耗时也更短，同时无须牺牲使用的舒适度。而相对于多焦面头盔显示系统，单眼视觉头盔显示系统结构更简单、成本更低廉。

近焦

左眼对焦　　右眼离焦

远焦

左眼离焦　　右眼对焦

图4-4-3　单眼视觉显示原理

（4）视网膜投影技术

视网膜投影技术，可解决视场角与显示系统之间的矛盾。传统的 VR 头盔显示系统，要获得更大的视场角，需要更大口径、更复杂的显示系统。视网膜投影技术将人眼融入为系统的组成部分，使用空间光调制器在光束的不同孔径高（h）、不同方位角（θ）的位置叠加图像信息，让使用者眼底的每一点对应于从空间光调制器出射的特定孔径高、特定方位角的光线。简化的视网膜投影原理如图 4 - 4 - 4 所示。在这种对应关系下，扩大系统视场角，即为扩大光束的孔径，也就是增大汇聚透镜的数值孔径。这一方法称为 Maxwell 观察法原理。

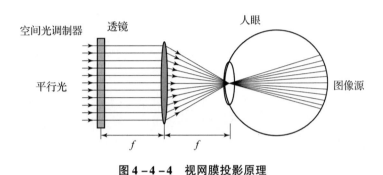

图 4 - 4 - 4　视网膜投影原理

融入人眼的系统可以看作具有无穷小出瞳直径的小孔成像模型。对于理想的小孔成像系统，景深为无限大。改变像面的位置或者倾斜角度只是带来图像放大率和畸变的变化，并不会对成像清晰度产生显著影响。同样，视网膜投影显示的图像也没有远近这一概念，在人眼视度调节过程中，图像始终是清晰的。视网膜投影技术，使系统图像更清晰、对比度更高、景深更大。

4.4.2　AR 头盔显示系统

1. AR 头盔显示系统的技术构成

AR 是把真实世界信息和虚拟世界信息交融处理，把原本在自然世界中的感官刺激等，通过计算机技术，模拟处理后将虚拟的信息叠加到真实世界，被人类感官所感知。将周围视觉环境与虚拟图形信息融合的显示技术，即为 AR 显示技术，即把真实环境和虚拟物体实时地叠加到同一个画面或空间。根据实现原理的不同，AR 显示技术可分为基于双目视差原理的 AR 显示技术和基于非双目视差原理的 AR 显示技术。

AR 头盔显示系统以 AR 显示技术为基本实现依据，通过对环境中真实目标信息增强，为使用者提供更多可视化信息，提高使用者对外界环境变化的响应速度。AR 头盔显示系统采用半封闭结构，使用者既能够看见外界真实景物，又能够看见图像源输出的图像信息。

AR 头盔显示系统可以分为视频透射式和光学透射式。视频透射式利用摄像头捕获环境中的视频流，并将虚拟的信息叠加到视频流中，最后把加工后的视频流逐帧渲染在显示屏上，提供给使用者。而光学透射式是利用半反半透的光学系统，一方面其像普通眼镜一样可以透过外部的环境光，使用者可以看到眼前的真实世界，另一方面可以反射来自微型显示器的图像，叠加在使用者的视野之中。光学透射式 AR 头盔显示系统可以由自由曲面棱镜组成，也可以由光波导镜片组成。

AR 头盔显示系统的关键技术构成包括三维注册技术以及人机交互技术。

（1）三维注册技术

在 AR 头盔显示系统中，对真实环境中的物体跟踪定位，并将虚拟场景准确与真实环境中的对应位置相融合的过程称为三维注册。三维注册技术影响使用者的视觉感官，当三维注册发生错误时，会使虚拟物体与现实环境的相应位置产生移动，给使用者一种不真实感觉，从而影响使用者的使用体验。AR 显示系统采用的三维注册技术主要分为三类：基于硬件传感器的注册技术、基于计算机视觉的注册技术和混合注册技术。

基于硬件传感器的注册技术通常采用全球定位系统、惯性式跟踪器、电磁式传感器、机械式传感器等测量摄像机位姿。这种方法运行速度比较快，获得的精度也比较高，但是对于硬件设备要求较高，经济费用高，活动性差，且易受周围环境与设备自身性能的影响，因此无法提供 AR 系统所需的精度与轻便性，难以普及使用。

随着移动摄像装置的发展及运算能力的大幅度提高，基于计算机视觉的三维注册技术得到了充分的发展，是综合性能较好的注册方法。基于计算机视觉的三维注册技术可以分为有标志物三维注册和无标志物三维注册。

有标志物三维注册，需预先在真实环境中放置黑白两色的矩形方块标志物，利用摄像机对标志物识别并获得其顶点信息，预定义标志物坐标到当前场景标志物坐标的位姿变化矩阵，完成虚拟信息注册。这种方法对硬件处理器要求不高，有较高鲁棒性，不需要先验知识，计算复杂度低，有较好的实时性和准确性，但在一些不适合放置标志物的场景不适用。

无标志物三维注册，又可以分成基于自然特征注册和基于模型注册。基于自然特征注册需要在模板图像中提出特征点集，在摄像头获取的每一帧数据中提取相对应的特征点集，通过特征点集相对应的匹配关系对摄像机的空间位姿完成跟踪注册。这种方法不需要在真实环境中放置标注物，利用自然特征计算摄像机位姿信息完成注册。基于模型注册，是使用注册目标对应的虚拟模型信息作为先验知识进行注册。可以使用注册目标表面模型相关联的边缘特征与预先给定的模型边缘信息匹配，估计目标位姿；也可以使用三维点云表示真实环境和注册对象，利用迭代最近点算法对环境点云与模型点云配准，估计摄像机实时位姿完成注册。这种方法可以解决基于自然特征注册技术中缺少纹理或无纹理环境中的注册失败问题。

混合注册技术将基于硬件传感器的注册技术与基于计算机视觉的注册技术相结合，提高注册的精度与稳定性。混合注册技术一般首先利用传感器预测相机的位姿，接着用视觉算法准确计算相机位姿完成注册任务。这种注册方式既降低了运算量，又提高了系统的精度，但同样依赖于特定的硬件设备，会影响到整个系统的推广和使用。

（2）人机交互技术

人机交互技术即增强现实环境的输入和输出过程。以使用者为目标，利用增强现实环境与使用者进行互动，完成使用者的需求。目前 AR 系统中常用的人机交互方式分为四类，分别是基于外接设备、基于触控、基于动作识别和基于眼动追踪。

　　基于外接设备的人机交互方式中的外接设备通常指鼠标、键盘、手柄等。如通过鼠标选定区域，以进行旋转、缩放操作。该类交互方式简单稳定，但需要硬件设备支持，使用者增强现实的沉浸感不强。随着技术发展，可以利用数据手套、力反馈设备、磁传感器等设备交互，交互沉浸感强，精度高，但成本较高。在穿戴 AR 系统中，语音输入装置也可以实现交互。语音识别方便快捷，减少手动操作环节，节约时间，提高效率。

　　基于触控的人机交互方式是指使用者通过点击、拖动或者滑动设备触摸屏与系统交互。具体可以分成两类：一是通过屏幕与真实世界中的虚拟对象交互，如虚拟对象的放大、缩小和旋转等；二是通过屏幕显示的静态图形用户界面元素，如静态菜单或者按钮，与真实对象屏幕交互，如游戏里控制人物角色的静态按钮。该种方法交互稳定，更人性化，不需要外部设备支持，多用于移动设备为终端的交互。

　　基于动作识别的人机交互方式是指使用者通过特殊手势动作与计算机交互。这种方式需要借助复杂的人手识别算法，从复杂的背景中将人手提取出来，并对人手的运动轨迹定位，根据手势状态、人手当前位置信息和运动轨迹等，预测使用者意图，并将其正确映射到相应的输入事件中。该种交互方式符合人类自然习惯，沉浸感强，但操作设备昂贵，对手势依赖性高。

　　基于眼动追踪的人机交互方式通过捕获使用者眼周围的细微变化，确定人眼的注视点，并将该信息转化为电信号发给计算机，通过增强人眼注视点的图像，弱化非注视点图像，实现人与计算机间的互动。整个过程不需要手动输入，只需要眼神交互，操作高端便捷，但设计复杂，设备价格昂贵。

　2. AR 头盔显示系统技术发展

　　AR 头盔显示系统发展已有十几年，按照性能可以划分成三代：第一代 AR 头盔显示系统的视场只有 3°～6°，只能显示主要目标方位；第二代在第一代基础上增加了能够显示的信息量，除了方位信息还包括一些实时数据；第三代 AR 头盔显示系统的视场可以达到 40°以上，同时采用了高分辨率的显示技术，并且采用模块化设计，几乎能够实现所有数据显示，并且能够配合夜视和红外器材显示目标图像和视频信号。

　　1991 年美国陆军推出了陆地勇士单兵作战系统中的头盔显示系统，士兵可直接利用人眼通过显示器观察战场态势，也可观察到武器瞄准器摄像机实时拍摄的战场情景，以及计算机发出的文本信息、数字化地图、情报资料和从卫星下载的图像，这样士兵可在不暴露自己的情况下，实现目标的搜索与捕获。由士兵控制设备（相当于电脑鼠标）和安装在步枪上的可编程按钮式开关控制显示的图像，佩戴该头盔，可增强战场透明度。美国为陆军士兵装备的战术增强现实（TAR）头盔显示系统，如图 4-4-5 所示。集成 GPS 信息，通过手持设备，显示到夜视护目镜上。夜视镜目镜能够显示战术地图、盟军和敌军的位置、士兵的视野，同时还能够将观察到的地标和参考图像之间的位置进行地理信息处理。高分辨率小型化显示是 TAR 突破创新的方向。在微软推出了头戴式 AR 装置 Hololens 全息眼镜后，美陆军认为其陆地勇士的设计都可以通过 AR 技术实现，几年后便出现了集成视觉增强系统（IVAS）头盔，该头盔可以为单兵提供丰富的信息，如行动路线和其他导航符号。

图 4 - 4 - 5　美国战术增强现实（TAR）头盔显示系统

4.4.3　混合现实头盔显示系统

混合现实技术是 VR 技术和 AR 技术的进一步发展，该技术通过在虚拟环境中引入现实场景信息，在虚拟世界、真实世界以及用户之间搭起可交互反馈的信息回路，以增强使用者体验的真实感。混合现实指的是合并现实和虚拟世界产生的新的可视化环境，在该环境里，物理和数字对象共存，并且实时互动。混合现实显示技术可通过一个摄像头，使使用者看到在 AR 系统中裸眼看不到的现实世界，显示虚拟数字叠加数字化现实画面。将虚拟和现实结合，在虚拟的三维 3D 注册，并实时运行是混合现实显示系统的三大特点。

美国陆军授权微软研发制造的 IVAS 头盔如图 4 - 4 - 6 所示，它采用了微软的商用全息透镜增强现实系统，利用混合现实技术、热成像、传感器、GPS 技术和夜视技术提高士兵的态势感知，为其提供关键信息，以帮助士兵计划、训练和执行任务。

图 4 - 4 - 6　美陆军 IVAS 头盔

4.5　头盔显示技术发展建议

对于单兵综合系统数字化头盔显示系统而言，OLED 等显示技术市场已经成熟，需要结合使用场景及显示效果、重量以及功耗，来选择合适的显示技术。当下比较主流的头盔显示器采用 OLED 显示技术。

光学系统是头盔显示系统中最具发展潜力的部分。当前头盔显示光学系统更多采用折反射式结构，在同等功效下，其较折射式光学系统重量轻、体积小、出瞳直径大、视场大。折反射式光学系统中，离轴结构比同轴结构更容易将不利于观察的因素从使用者视场内移出，可获得更大的视场，因此，大部分头盔显示光学系统均采用离轴结构。

头盔显示系统还可以结合智能穿戴设备和单兵手持终端，实现更加全面多维的信息展示效果；结合战场三维地形和图形融合、图像增强技术，进一步提升战场态势显示效果；结合 VR 技术用于模拟训练和战术演示。

此外，在 AR 头盔显示系统中引入光波导技术、自由曲面棱镜技术可以使显示系统向更微型化、高分辨率和高成像质量发展；引入混合现实技术，可进一步提高士兵的战场态势感知。

第 5 章
头盔音频系统技术

具备通信、拾音、降噪基础功能的单兵数字化头盔音频系统能帮助士兵在战场中获得更清晰的指令、更好的防护听力，提高生存能力。实现音频系统的基础功能需要对送话器与受话器的选型、信号处理模块设计、降噪处理技术、外观结构等方面进行综合考虑，本章对上述关键技术及未来头盔音频系统的发展趋势进行阐述。

5.1 音频传导技术

5.1.1 音频传递方式

头盔音频系统语音传递方式主要包括空气传导方式和骨传导方式。

1. 空气传导

声音是通过空气传播的一种连续波，也可以说是机械振动或气流振动引起周围弹性介质发生波动的现象。士兵接收到语音信息是通过扬声器（头盔内音频受话器）的振动引起的声波传播到士兵听觉器官所产生的感受，该过程是由声源振动、声波传播、听觉感觉这三个环节形成的。受话器振动引起声波，声波由人耳廓收集，经外耳道达到鼓膜，引起鼓膜和听骨链的机械振动，听骨链的振动经卵圆窗传入前庭淋巴转变为液波振动，后者引起基底膜振动，使位于基底膜上的螺旋器毛细胞静纤毛弯曲，引起毛细胞释放神经递质激动螺旋神经节细胞轴突末梢，产生轴突动作电位。神经冲动沿脑干听觉传导路径到达大脑颞叶听觉皮质中枢，从而产生听觉。图 5 - 1 - 1 所示为空气传导路径。

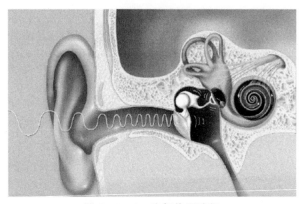

图 5 - 1 - 1 空气传导路径

人耳是一个语音接收器，内耳接收到声信号后自动解码读取信息再作出相应反馈。在解码过程中，人耳的双耳效应能对声源进行定位，还可通过声音的响度、音色等信息凭借经验判断声源类型，如区分警报声、爆炸声等。在战场语音信息远距离传输情况下，可借助单兵数字化头盔的头戴式送话器拾取空气传导的语音信号，送往语音处理芯片进行采样、量化、编码，处理后的语音帧由通信射频模块转换为无线电波发送出来，接收方接收到电波信号，经语音处理芯片反向处理再借助受话器将语音信号进行解码并播放声音，空气传导传递至人耳，最终接收方获得完整语音信息。

2. 骨传导

骨传导原理是声波经头部骨骼或者喉部振动传入耳内，引起外淋巴发生相应振动，并激动耳蜗的螺旋器产生听觉。骨传导在传递信息时仅拾取到振动信息，不受外部环境噪声影响。骨传导振子将声音转化为可编码的振动信号，输入滤波器后进行分割采样和频谱分析，根据心理声学模型，对分割后的子带进行动态化编码，形成接收端的输入信号，而接收端的解码过程是发送端编码的逆过程，先进行解帧，进而反量化和解码，再通过频/时映射，在接收端的不同位置进行放音操作。通常情况下语音传递时，骨传导与空气传导同时发生，但经骨传导进入耳蜗的声能量小，因此一般环境中声音传入人内耳以空气传导为主。但是相比空气传导，骨传导没有"堵耳效应"和声反馈问题，而且隐蔽性好。由于战场上声场环境复杂，故头盔音频系统可采用骨传导与空气传导结合的方式进行语音传递，这也成为近些年的研究重点。

喉头式骨导送话器最开始出现在 20 世纪 50 年代，主要用于飞机、坦克内噪声极大的场所，虽然喉头部位振动加速度较大，可获得极好的信噪比，但拾取到的语音往往不清晰。2005 年 McBride 团队进行了生理实验，将骨骼振动器放置在头骨周围的 11 个位置，以确定最敏感的区域。在测试的部位中，髁突（位于耳道开口前面的骨部）是最敏感的，其次是下颌角、乳突骨和顶点（头顶）位置。图 5-1-2 显示了人体头部不同部位骨传导耦合效率的相对平均差异。实验表明，将骨骼振动器放置于颅骨的颞骨处，或者放置于颅骨的乳突的位置，对于声音的感知最为敏感，所获得的语音清晰度较佳。

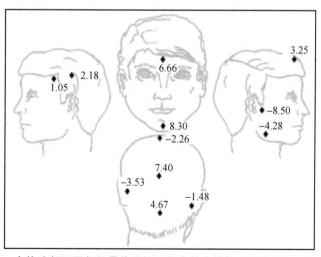

图 5-1-2　人体头部不同部位骨传导振子耦合效率的相对平均差异（负值更敏感）

目前各国主要的骨导设备如图5-1-3所示。左图为 Temco Band-aid BC System 战术指挥耳机，从髁突处获得振动信号，直接作用到骨振子，固定带从头部连接，与头盔内部支撑部件外形类似，隐蔽性更强，但它没有设计受话器，因此不能发送语音；后两图分别为 BC System RE-1 和 SPEC-OPS Ⅱ 双耳骨传导耳机，既可送话也可受话，保证指挥链中信息传输的完整性。骨传导设备主要存在频繁操作后出现非线性失真、磁吸头接口对接准确率不高、未实现送话+受话双重功能等缺陷。某科技公司开发的 Trans 耳机在鼓膜发声器中嵌入了骨振动器，它与助听器一样，对耳朵刺激的位置也在耳道内，不引人注目，但通信时耳朵也会有堵塞感。因此耳道骨传导系统具有与空气传导系统一样的缺点，需利用士兵的喉部、骨骼等部位进行振动信号的接收。微型化的骨传导设备还可作为眼镜的一部分。另外还有直接接触在牙齿上的骨传导受话器，可直接安装在牙齿上，也可夹在牙齿之间，如图5-1-4所示。美国海军海豹突击队和潜水员就通过夹在牙齿之间的骨振动器接收音频信息。但长时间振动可能导致牙齿松动，对士兵的生理机能存在威胁。

图5-1-3　骨传导设备

图5-1-4　嵌入牙齿和呼吸道的语音振动器

5.1.2　音频传输电声器件分类

人能听到的声音频率范围为 20~20 000 赫兹，而单兵数字化头盔音频系统所用的电声换能器工作频率就在人耳声音频率范围内，其包含了两个基本组成部分：电系统和机械振动系统。换能器内部，通过某种物理效应将两系统相互联系，完成能量的转换；换能器外部，电系统和信号发生器的输出回路或前级放大器的输入回路相匹配，机械振动系统与振动表面和声场相匹配。按照换能方式，又分为电动式、静电式、压电式、电磁式、碳粒式、离子式和调制气流式等；前四种换能器过程可逆，既可作接收器也可作发射器；后三种换能器只能单向转换，其中碳粒式只能将声能转化为电能，且随着动圈式和压电式麦克风的出现，逐渐被淘汰，而离子式和调制气流式只能将电能转化为声能。由于单兵作战系统头盔体积小，同时集成了显示、探测采集等其他部件，为了佩戴舒适，通常采用微型麦克风和微型扬声器来拾取和重放音频信号,承担了音频送受话的功能,因此也叫音频送话器、音频受话器。二者的选型直接规定了话音的拾取、呈现效果,这就使得电声器件关键技术以及相关制造工艺成为各国研究重点。

1. 音频送话器

音频送话器是用于语音信号发送的终端装置,可将采集到的声音信号转化为模拟电流信号,也称为麦克风。根据声波耦合方式,音频送话器分为空气传导、骨传导式。按照换能方式,经常使用的有动圈式、电容式、压电式、MEMS 四种麦克风。空气传导和骨传导音频送话器的主要区别是经空气或骨骼施加在麦克风的负载阻抗存在差异。尽管这两种系统中使用的麦克风在物理和操作上有相似之处,但具体的技术解决方案有很大的不同。如空气传导时机械阻抗比较低,需要对声音环境更加敏感才能保证信息的准确性和完整性;骨传导送话器必须接触到士兵的皮肤、喉部或牙齿才能实现机械振动信号与电信号间的转化。空气传导送话器工作时会引发"风噪声",信噪比较差。骨传导送话器对环境噪声的敏感性要低很多,不需要处理环境中的噪声信号,信噪比较好。送话器由各类麦克风组成,下文介绍了不同类型的麦克风。

(1) 动圈式麦克风

采用空气传导时,机械阻抗比较低时,一般采用动圈式麦克风,其结构如图 5 - 1 - 5 所示。声波带动麦克风音膜振动,从而引起音圈切割磁力线,输出端产生感应电压,经输出变压器提高麦克风灵敏度,也满足了放大电路的阻抗要求。美军 ACH 的受话器就是采用了动圈式麦克风(如图 5 - 1 - 6 所示),因此在 M1114、HMMW(高机动多用途轮式车辆)和其他轻型战术车辆内部高噪环境中能正常通信。

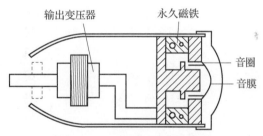

图 5 - 1 - 5　动圈式麦克风结构

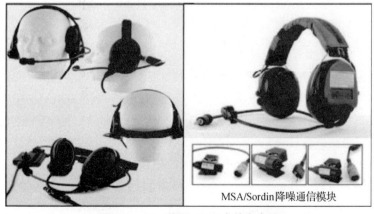

图 5 - 1 - 6　美军 ACH 中的麦克风

（2）电容式麦克风

电容式麦克风也叫驻极体麦克风，具有频率响应宽广、瞬时响应速度快、灵敏度高等特点。声电转换的关键元件是驻极体振动膜，驻极体振动膜的材料为聚四氟乙烯、聚全氟乙丙烯等，其湿度性能好，产生的表面电荷多，以适当的方式极化后可在膜片两面分别驻有异性电荷。膜片的一面通过绝缘衬圈与金属极板隔开，形成电容。当驻极体振动膜遇到声波振动时，电容两端的电场发生变化，从而产生了随声波变化的交变电压。由于膜片与金属极板之间的电容量较小，因此输出阻抗值很高，不能与音频放大器直接匹配，还要接入场效应晶体管进行阻抗变换，图 5 – 1 – 7 为驻极体麦克风结构。

图 5 – 1 – 7　驻极体麦克风结构

（3）晶体式麦克风

晶体式麦克风又称压电式麦克风，利用钛酸钡、石英晶体等压电材料的压电效应进行声电转换，具有灵敏度较高、结构简单、造价低等特点，其结构如图 5 – 1 – 8 所示。其工作原理是振膜因声波（机械振动）的作用而振动，振膜的中心连杆与晶体连接，故而晶片也受迫振动，由于正压电效应晶体两个表面产生电压信号，并通过两电极将此电压信号输出。

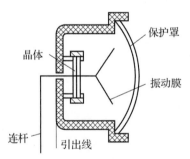

图 5 – 1 – 8　晶体式麦克风结构

（4）MEMS 麦克风

MEMS 麦克风也叫硅微型麦克风，是由传统麦克风的机械部件微型化后，通过三维堆叠技术将其固定或直接附着在硅晶元上，最后封装而成的。MEMS 麦克风具有尺寸小、低功耗、高信噪比等优点，因此在单兵数字化头盔这种可穿戴移动设备广泛应用。其工作原理是声压作用于 MEMS 麦克风振膜，引起振膜与硅背极板之间的电容值发生变化，再经 MEMS 麦克风电路转换成电压进行放大输出。在电路设计上 MEMS 麦克风的偏置电阻阻值应足够大，才能保证输出电压与振膜的形变成正比。MEMS 麦克风性能稳定，其敏感度不受温度、振动、湿度、时间的影响。制造时可承受 260℃ 的高温回流焊，并且组装前后其敏感度变化很小，节省了制造过程中的音频调试成本。

2. 音频受话器

头盔音频系统中声音的还原是依靠受话器将电信号转化为声信号，然后直接辐射到士兵的耳道。按能量转换能原理一般可分为动圈式、电磁式、静电式和压电式。受话器的特性指标主要有阻抗、灵敏度和频率响应等。灵敏度表示受话器把电信号转换为语音信号的能力。频率响应是指在输入各种频率信号时，受话器灵敏度高低变化的情况。

（1）动圈式受话器

用于头盔音频系统的大多数受话器为动圈式，其主要特点是音质好，阻抗接近纯电阻。动圈式受话器与动圈式送话器原理类似，由磁铁、线圈、薄膜组成。把连有薄膜的线圈套在圆形磁铁上，当代表音频信号的交流电信号被施加到线圈上时，线圈磁通量发生变化，导致线圈和附着的薄膜受力上下振动，并驱动前后空气，产生声波辐射到耳朵内。图 5 - 1 - 9 为动圈式受话器的横截面。

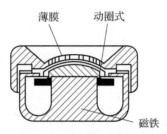

图 5 - 1 - 9　动圈式受话器的横截面

（2）电磁式受话器

电磁式受话器与动圈式受话器相似，不同之处是其线圈固定并缠绕在磁铁周围，金属膜（或带有磁性材料的介质膜）为运动元件。与动圈式受话器相比，电磁式受话器较小，效率较高，但频率响应较小（一般为 10 ~ 1 000 赫兹），集成到数字化头盔上，密封性良好。电磁传感器的横截面如图 5 - 1 - 10 所示。

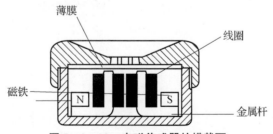

图 5 - 1 - 10　电磁传感器的横截面

图 5 - 1 - 11 展示了电磁式骨传导受话器的结构。磁铁和线圈组件连接到导块上，附有弹簧的垫片与电枢相连，电枢与磁铁之间存在空气间隙。磁铁、导块、线圈为受话器的音频馈入部分，外壳和电枢作为机械振动输出的部分。当交流信号施加于线圈，磁路磁阻发生变化，导致金属电枢受力垂直振动，带动受话器外壳振动，皮肤或骨骼接收到振动信息。

（3）静电式受话器

静电式受话器具有响应速度快、失真小、声音再现保真度高等特点，由两个多孔隙固定金属板与振膜构成双电容结构，振膜材料为高分子聚合物，固定金属板与变压器输出端相

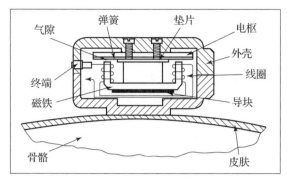

图 5 - 1 - 11　电磁式骨传导受话器的结构

连，振膜位于两固定金属板中间。当没有音频信号输入时，振膜不受力保持固定位置。当音频信号施加于固定金属板时，振膜受静电力作用前后运动，迫使空气通过固定金属板孔隙，从而发出声音。图 5 - 1 - 12 为静电受话器示意图。

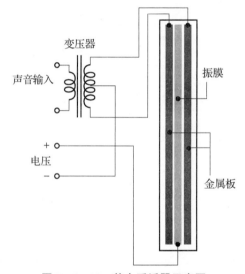

图 5 - 1 - 12　静电受话器示意图

（4）压电式受话器

压电式受话器是利用材料的压电效应实现电声转换的器件。材料受外力作用后，内部极化强度发生变化，材料表面的游离电荷经电路变换放大后，成为正比于所受外力的电量输出。该材料在受到外加电场的作用时，因逆压电效应可将电信号转换为机械振动信号。正是由于这种双向效应，压电材料既可用作受话器也可用作送话器。压电式受话器具有频带宽、灵敏度高、信噪比高、结构简单等优点，但也存在输出直流响应差，压电材料易潮解的缺陷。设计上需采用高输入阻抗电路或电荷放大器来克服直流响应差缺陷，并且需要做好防潮措施。

单兵数字化头盔应根据特定的军事应用场景来设计和选择音频送、受话器。首先，送、受话器的频率响应、灵敏度、阻抗、信噪比等特性必须与其电路模块相匹配，设计的同时还要考虑如灰尘、震动、振动、雨水、盐雾、温度和湿度等环境对设备的影响。其次，在战场语音通信时，接收上级的语音指令时往往伴随着军用车辆、枪炮等武器设备的背景噪声，为了降低噪声对语音传输信息的干扰，单兵数字化头盔必须配有抗噪声的空气传导式或骨传导接触式送、受话器。总的来说，选择单兵数字化头盔音频系统送、受话器的类型时，不光要考虑其基本特性与整机（通信设备）的适配性，还需根据其使用场景来进行合理选型设计。

5.2　音频处理技术

5.2.1　信号处理过程

音频输入信号经单兵数字化头盔的送话器拾取后，通过滤波器滤除采样过程中的噪声，再由分频器将其分成多个频段，并把不同频段信号分别馈送给相应的受话器或电路进行处理，从而使受话器系统处于最佳频率范围内，实现高保真还原声音的目的。声信号处理过程中容易出现语音失真和噪声积累问题，而将其数字化就可以有效避免这些缺陷。随着数字电路发展和技术工艺的提高，目前基于数字处理方式的设备在市场上已占据主导地位。

战场中通话的双方可读的音频信号均为模拟信号，在拾取后和还原前需要数字化处理，一般经过采样、量化、编码三个步骤将连续的音频模拟信号转换成离散的数字信号，再经由处理、记录、传输至音频处理模块。当需要重现声音时，数字信号通过 D/A 转换器转换成音频模拟信号，加载至受话器发出声音。

1. 采样

采样是将连续变化的模拟信号变成部分离散信号的过程。接收到的音频质量取决于抽样频率和量化位数，抽样频率越高，量化位数越多，传输后的音频质量越高。因而采样信号应该能完全反映或保留原信号的频谱结构。每隔固定的时间间隔对声音信号的振幅值进行测量，使连续的信号变为时间离散的一系列样本值，把每秒钟从一个模拟信号中选取样本值数量定义为采样频率，其倒数为采样周期，即连续两次采样的间隔时间。根据奈奎斯特采样定理，采样率必须大于等于信号带宽的 2 倍。根据战场噪声和人耳可听到的声音频率范围，单兵数字化头盔所分析的频谱分量主要集中在 83 ~ 18 000 赫兹。根据 CCITT（国际电话电报咨询委员会）提出的数字电话建议，只利用 3 400 赫兹以内的信号分量，称为电话带宽语音。目前长途通信、卫星通信以它为主，由此单兵数字化头盔音频系统的采样频率多为 8 000 赫兹。不同范围内的声音可以通过不同滤波器进行分段滤波，从而防止声音混叠干扰。高的采样频率提高了获得的数字信号频率的上限。采样过程中将样本信号短暂保留以备观测，从而得到一个可测量的准确信号电平。这个电平瞬时值尽可能接近地转换成几个比特的数码形式，转换完之后这个数字可被处理或传输，同时又去采样下一个电平值，再重复上述的过程。

2. 量化

量化是将采样获得的随机振幅值变化为确定的标准振幅值。其具体过程是将采样后得到的样本值与若干特定的标准振幅相比较，以误差最小的标准振幅来代替这一采样值，进一步变换成二进制码序列。量化过程中，由于离散时间信号幅度与量化电平不相同，近似其最接近的一个量化电平，所以会产生误差，称为量化误差，因此而产生的噪声称为量化噪声。量化误差是随量化等级的增加而减小的，当量化等级达到一定数值后，人耳就无法分辨量化误差产生的量化噪声。

量化过程又分为线性量化和非线性量化。线性量化一般是指在设备的动态范围之内，每一个量化及所对应的幅值、增量值均是相同的。因此一般采用线性编码，不论信号电平大小，每相邻两个量化值的电平差值都相等。

3. 编码

编码是将信息从一种形式或格式转化为另一种形式或格式的过程。单兵数字化头盔的音频模块将不同的抽样频率、量化位数产生的音频信号变换成数字脉冲的过程就是编码。编码后计算机就可以进行处理和分析。编码技术又分为信源编码技术和信道编码技术。前者可提高通信的有效性对语音进行频带压缩传输，针对信源输出符号的序列统计特性把信源输出符号序列变为最短的码字序列，使各码元所载荷的平均信息量最大，减少了信源的冗余度，同时又能保证无失真地恢复原来的符号序列；后者可对数字信号进行纠错、检错，增强数据在信道传输中抵御各类干扰的能力，传输的可靠性较高。

编码的方式多种多样，按照信号处理域分为波形编码、参数编码、混合编码。目前普遍使用的通信系统中，基本的语音编码方式为脉冲编码调制（PCM），即以奈奎斯特抽样定理为基准，将频带宽度为300~3 400赫兹的语音信号转化为64千比特/秒的数字信号，直接将时域信号变为数字代码。它和增量调制都属于波形编码，波形编码不改变音频信号的波形，对高速传递的音频编码质量高。

使用编码表示量化后的样值，每个二进制数对应一个量化电平，排列后就得到了脉冲串组成的数字信息流，其频率就等于抽样频率和量化比特数的乘积，即数码率。而解码过程就是将接收到的数字序列经解码和滤波恢复成模拟信号。

4. 处理

声信号处理是对声信号处理的各种手段的统称。首先将模拟信号变化为数字信号，采用数字技术处理后还原成模拟信号，图5-2-1为数字信号处理过程。但实际的系统中有些部分只需要数字输出，不需要D/A转换器。编码后离散模拟值继续进入电路被分频器分成了不同的音频信号，分频器按其在电路中所处的位置不同，又分为功率分频器和电子分频器。功率分频器接入在功放输出和受话器之间，通过不同的滤波器后分别将高、中、低音频信号分别馈送至受话器；电子分频器在功率放大器之前就已经完成高、中、低信号分频，直接将各自的信号输入功率放大器再推至受话器。

图5-2-1 数字信号处理过程

尽管前期将音频信号通过低通、带通、高通滤波器得到特定的低、中、高频率信号，但这只能对频带进行控制，不能对幅度进行控制，频率均衡器可对某些频率的幅度进行提升或衰减。由于信号电平较低，还需放大处理，达到通信电台或扩音器所需电平，在这个过程中因电平和动态范围不一致可能致使电声器件非线性失真，所以在放大电路中还需经过扩展、压缩等手段使动态范围达到平衡，进而分配检查各路信号并输出给接收方。数字化头盔音频系统不但可以保证音频在两固定单兵之间传输，还可将某一频段的信号发送给其余组员，这个过程可由单兵通过"发送"和"切断"键控制。

现代电声技术中，数字信号处理（DSP）的应用可产生多种效果，如延时、混响、滤波、限幅等，经 DSP 处理后每个声道的参数得到管理、修饰，且保存调用灵活，可放大音频功率，改善音效，其主要方法有增益改变、调音或交叉渐变等。增益改变指的是在数字域中，将采样值与一个系数相乘，可使数字音频增益变大或变小，实现信号的放大或压缩而不至于破坏电路稳定造成"声反馈"的啸叫。调音是将代表不同声道的独立数据流合成在一起，将来自每个输入声道的同一时刻的样本相加，产生一个单独输出声道的样本，通过将不同输入相加而获得大量的不同输出通道，产生许多条混合母线。声频编辑则需要采用交叉渐变技术将不同部分声音的各个编辑点"平滑"连在一起，从而有效避免因波形突变而产生的咔嗒声，保证声音之间平滑过渡。

数字延时是通过直接在计算机随机存取存储器（RAM）中存放声音样值来完成的。通过一定的时间长度后，取样的声音再从存储器中读出，延时是为了保证音频信号发送后能被整体接收，而不至出现断续的声音。受话器接收到数字信号后，通过解码、反量化、转化成声音信号，再引起周围空气的震动，从而传输至士兵内耳，产生听觉。

5.2.2 降噪技术

军事环境中噪声大多来源于武器发出的脉冲噪声、装甲车辆以及直升机发动机的稳态噪声、通信探测设备的电磁噪声等。随着装甲车辆以及武器发射的速度越来越快，吨位越来越大，士兵语音传输时一直处于声源多、频谱宽、强度大、作用时间长的噪声环境中。若不采用降噪技术，势必要加大声音的音量或骨振子的振动频率。长时间暴露在强噪声下，不但直接影响士兵的通话效率、作战表现，还会严重损害士兵的听觉感知器官。但为了保证士兵在战场上的态势感知，并不是所有的噪声都需要衰减，需要先确定士兵听觉受损的声压阈值，通常声压水平大于 85 分贝时士兵就需要保护听力，大于 140 分贝时会产生痛觉，因此头盔音频系统需要在此范围内采用降噪技术减轻噪声危害。头盔降噪技术分为被动式降噪技术和主动式降噪技术，主要通过入耳式或耳罩式耳机实现，被动式降噪技术可直接保护听力，而主动式降噪技术更多是在电路过程中滤除杂音和噪声。

1. 被动式降噪技术

被动式降噪技术主要通过物理隔绝的方式，通过高密度的隔音材料降低外部噪声，采用覆盖全包式的听力保护装置进行降噪和听力保护。被动式降噪技术的实现大都依托全包式耳罩系统，通过强度大的刚性材料和腔体的共振吸收做耳壳，高阻尼材料做耳垫，但不对任何外部声音进行处理，仅利用吸收噪声的材料在耳朵附近提供了声音衰减，材料多为泡沫、海绵，因此通过头戴式固定软环的两侧压力对耳朵全面包裹，从而隔绝耳道内外空气，阻断声波的传输。

在军事行动中，主要在飞行员或坦克内士兵的头盔上使用被动式降噪技术，该封闭环境内噪声集中在 50～300 赫兹低频范围内，所使用的头盔需要隔绝作战平台的大部分噪声，并不过分关注作战环境内部的听觉意识。图 5 - 2 - 2 展示了用于美国陆军作战车辆的封闭式头盔音频系统，其音质好，在 63 ~ 8 000 赫兹范围内能降低外界噪声约 28 分贝。

图 5 - 2 - 2　用于美国陆军作战车辆的封闭式头盔音频系统

采用被动式降噪技术的头盔音频系统缺点也非常明显，它不但隔绝了军事环境噪声，也会隔绝战场有用语音互通、敌人脚步声等，不利于士兵对周围环境的感知。为解决相关问题，科技人员通过在全包式听力保护装置两侧各添加一麦克风，对外界环境收音并进行放大处理后，再将音源馈入耳内。这类既采用了被动式降噪技术又通过信号处理的头盔音频系统称为拾音降噪耳机，军事上称为通信听力保护式头盔音频系统。它在使用前可人为设定安全阈值，如 85 ~ 90 分贝，通过削顶技术将拾取到的环境噪声压缩到该声压范围内，将大分贝或高频部分削掉，并保留中低频的声音；也可通过放大效果把人耳很难听到的声音增强。换句话说，距我方 50 米外的建筑物内部有交谈声，通常无法获取到具体信息，但佩戴拾音降噪耳机后，可以将该交谈声增强，改变了信息获取的渠道，从战术方面提升了创新运用。图 5 - 2 - 3 为 OPS CORE AMP 战术拾音降噪耳机效果。在战术拾音降噪耳机的通信接口加入外部麦克风，可实现通信 + 通话的双通功能，士兵既能利用麦克风交谈提升听觉定位和语音的可懂度，又能通过隔音材料隔绝高分贝噪声，同时利用拾音设备将环境声音降到可接受范围，提高战场的态势感知和语音捕获能力。

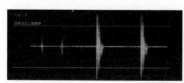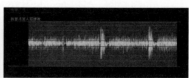

图 5 - 2 - 3　OPS CORE AMP 战术拾音降噪耳机效果

（a）处理前；（b）处理后

为了增加通话的隔音效果，降低头盔整体质量，头盔音频系统也会使用入耳式耳塞代替全包式听力保护装置。入耳式耳塞采用发泡记忆海绵，使用前将其捏扁后放置耳道内，随之膨胀，隔绝了内外空气，因此声波无法传入士兵的听觉器官。美军所使用的 Quietpro 音频模块的接收端就采用了此类结构，如图 5 - 2 - 4 所示。入耳部分可以是一次性泡沫塞，也可以是不同大小的永久性贴耳装置，可根据士兵的耳道形状量身定制，形状越贴合士兵耳道，佩戴就越舒适，有利于长期佩戴，提升降噪效果。但其优缺点与全包式听力保护装置相同，因此为了保证士兵在战场环境能捕捉周围的未知声源等，可在泡沫端的另一侧加装小型拾音麦克风，这类头盔音频系统也属于拾音降噪耳机。加装的小型拾音麦克风既可采用空气传导式也可采用骨传导式。空气传导式麦克风作用同上。骨传导式麦克风通过咬合效应即低频骨传导可增加声音的清晰度，放大声音，拾取到的声音更加响亮、更强，因此降低了设定阈值；缺点是维护成本高，积累耳垢后会堵塞麦克风的输出端口，因此需要进行特殊护理，避免降低音质。

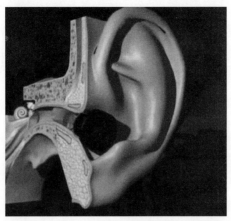

图 5 - 2 - 4　Quietpro 音频模块的入耳部分

2. 主动式降噪技术

主动式降噪技术是在对声学特性分析之后，利用麦克风采样环境噪声，经电路模块处理后，产生与原噪声相位相反、幅值相同的声波，通过声波的叠加原理从而抵消噪声。由于电路部分需要接入外部电源，也称有源噪声控制。基于这一原理，该技术的实现必须借助于麦克风采集周围环境噪声的信号，并且只有在声波频率不太大时，波的叠加原理才成立，因此主要控制军事环境的低频噪声。主动降噪系统的设计就包含了降噪机理认识、系统设计和实现、控制算法性能分析等方面。

单兵数字化头盔的音频系统设计之初，就要确定关键技术指标：主动降噪的频率范围和声级水平，选择某一类控制电路，如前馈控制（如图 5 - 2 - 5 所示），设计控制算法。其中，控制电路既可以采用模拟电路也可采用数字电路，模拟电路是具有补偿声源、传声器与耳罩声学回路的传输函数所构成的滤波电路，优点是操作方便简单，能处理平稳的宽带噪声；数字电路则是以高速数据处理芯片（DSP）为主构成的数字式自适应控制结构，系统的核心是采用自适应滤波器以及最小均方（LMS）算法，优点是不易受噪声干扰，高度集成化，传递函数精准，能自动跟踪复杂噪声，可实现多通道自适应控制。最早的主动式降噪技术中采用的是模拟电路而非数字电路搭建的降噪系统，由于其本身就存在损耗，且极易受环境中温、湿度的影响，抗干扰能力弱，导致测试试验和实际应用的误差很大。目前，大部分主动式降噪技术均采用数字控制电路设计，精细度、可调整性和自适应性、可控性都很高。当前的数字式主动降噪电路主要分为前馈式降噪和前馈＋反馈式混合降噪两类研究方向。

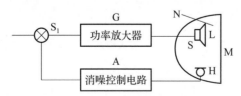

图 5 - 2 - 5　前馈控制电路

现今主动降噪系统的研究重点是主动控制算法及实现的研究。1957 年，Howells 等提出并设计了一个自适应噪声抵消（ANC）系统来消除天线接收信号的旁瓣。这个系统中的参考信号来自一个辅助接收天线，且滤波器有两个抽头。在此之后，著名的信号处理专家 Windrow 和 Hoff 发展了最小均方自适应算法和自适应线性一致逻辑单元的模式识别方法。1965 年，根据最小均方误差准则，首次成功设计出自适应噪声抵消系统。在自适应理论成熟后，基于该理论的自适应系统不断涌现。主动降噪系统广泛应用的算法有最小均方、最小二乘法、神经网络、小波变换、人耳掩蔽效应等基础算法，或对其进一步改进得到。如针对 LMS 算法收敛慢、难以追踪时变噪声，提出了滤波 X-LMS 算法、归一化 FLMS 算法、变步长 FLMS 算法、泄露 FLMS 算法、符号 FLMS 算法等改进型。

从技术开发的角度而言主动降噪系统主要解决电声器件的布放设计问题，可包含多个次级声源和误差传感器，采用最优布放原则的电声器件须包围初级声源或处于需消声的局部空间的闭合曲面上。但实际上，次级声源和监测传感器（在自适应有源控制系统中也称误差传感器）的数量和布放位置有限，因此不同类型的有源噪声控制特点不同。通过有源控制不能降低全空间声波时，只能降低局部空间噪声。通过降低以观察点或误差传感器为中心的空间区域初级声场声压形成有源静区，它的范围和降噪量与初级声源频率直接相关。控制系统分为作动 – 传感结构和控制器两大部分，前者指次级声源、误差传感器和参考传感器（对前馈系统），后者指控制次级声源声波或激励强度（含幅度和相位）。从硬件的实现方面，控制器又可分为模拟控制和数字控制两种，前文已说明。由于主要通过声波叠加的原理降噪，而在产生次级声源时往往需要 0.5~1 秒的时间，对于脉冲噪声来说，初级噪声已经进入人耳，产生的次级声源由于延迟作用同样进入人耳，并没有叠加相消，出现了双重噪声，因此如何减少计算处理的时间就成为主动式降噪技术的一类发展方向。随着噪声空间的增大，算法实现的计算量也会大幅度增长，往往需要多个处理器控制，因而也涉及处理器算法的分配、数据分割、软硬件结合的工程实现等问题。

在工程实现方面，目前拥有最成熟的有源噪声控制技术的代表公司主要有国外的 BOSE、森海塞尔以及国内的陕西烽火集团、深圳增长点科技有限公司等。图 5-2-6 为烽火集团桑志明研究组提出的有源抗噪头戴式送受话器，采用反馈式消噪控制电路技术，提高耳罩的低频隔声降噪能力，同时在送话回路加入动态降噪控制电路，即利用噪声与带宽成正比的原理和人耳的掩蔽效应，通过反馈的电压去控制带宽达到抑制噪声的目的。

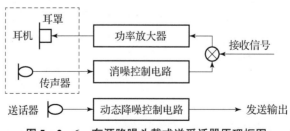

图 5-2-6　有源降噪头戴式送受话器原理框图

目前，世界公认的语音传输效果较好的单兵数字化音频系统就是美国特种部队现役军的 OPS CORE AMP 战术耳机（如图 5-2-7 所示），它具备的 3D 环境声场系统能还原并增强对外界环境的自然听力，提供强劲、可扩展的听力保护，普通状态下的降噪效果为 22 分贝，自带的 AMP 降噪麦克风已经可达到清晰干净的通话，附加的具有电磁感应的 NFMI 无线耳塞可在保证清晰通话的同时提供双倍的听力保护，降噪效果可达 34 分贝。

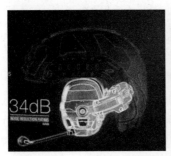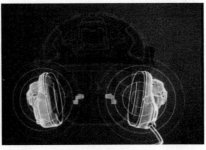

图 5 – 2 –7　OPS CORE AMP 战术耳机

　　声场复现技术可用于有源噪声控制系统的设计，也是推动它走向实用化的关键步骤。声场复现是指通过一定手段还原真实生产或目标生产空间分布与时间特性。声场还原技术通常有两种不同的实现方式：声场重构和声场再现。前者指利用受话器阵列在特定物理环境中发生，以重构真实的声场分布；后者是通过建立数学模型，利用特定的算法与数值方式计算或预测目标生产参数，以数据或音频的方式呈现目标声场（可听化声场）。重构技术是通过受话器阵列呈现真实的生产环境，使人们仿佛身临其境，感受真实的声效和声音品质。声场再现虽然只能以数值方式建立虚拟声场，但在有源噪声控制系统的设计、仿真验证方面发挥了重要作用。

　　到目前为止，大部分实际应用的有源降噪系统，均利用自适应算法调整刺激声源强度，实现在误差点处于初级声场的声压匹配。有源降噪受话器通常采用虚拟传声器技术在控制目标区外布置传声器，通过相应的算法对目标区域的噪声信号进行预测并消除，从而将噪声控制点转至人耳位置。次级声源布放情况决定有源控制系统所能达到的理论降噪量的上限，传感器布放决定了特定次级声源布放情况下自适应有源降噪系统所能达到的实际降噪量的上限，也就是说有源控制系统内电声器件布放是决定系统性能的关键物理因素。

　　相应的解决技术——虚拟传声器技术最早由 Elliot 等人提出，他们假定低频生产中物理传声器和虚拟传声器处初级噪声没有误差，从而提出了虚拟传声器布置技术，并取得了良好降噪性能。但当单兵在移动时，由于噪声环境不固定，降噪效果就会下降。雷成友、韩荣等人进行优化改进，对系统次级通路模型进行优化设计，扩大了人耳处获得有效降噪量的人头允许移动范围。中国科学院大学汪子莘等人在次级声源外侧布放参考传声器获取信号，利用传声器阵列对噪声的来波方向进行估计，利用全局优化 RMT（可重构匹配表）方法获得初级声场固定传递函数，并结合声源定位技术对全方位范围内不同方向的噪声进行区域划分，在定位过程中导向矢量与不同区域对应，提升最小降噪量。在有源降噪系统开发中，一般凭借经验，通过大量的现场调试而选择最优布放组合。目前解决军事环境中电声器件最优布放问题的方法是构造次级声场和误差传感器的传递函数矩阵，或在此基础上依赖设计人员的经验，预先设置误差传感器布放，从而求解次级声场的位置，但由于二者耦合，需要多次优化计算。

国内外已经有很多成熟的产品，如 Nacre QuietPro，Bose ITH，ATI QuietCom，Silynx QuietOps 都可用作军事头盔音频显示模块。图 5 - 2 - 8 为美国某特种部队所使用的 Nacre AS QuietPro 头盔音频传输模块，包含了外部（交谈）麦克风、内部（拾音）麦克风及微型受话器，系统使用数字信号处理器，通过主动降噪和被动隔绝的复合技术保护士兵的听力，并可提供双耳道通话。该耳机在打开有源降噪系统后通过减弱周围的噪声和消除附近运转的发动机、爆炸和枪声所产生的过高的脉冲峰值，保护士兵的听觉系统。降噪系统可以达到 34 ~ 42 分贝的衰减，但对于连续噪声水平的衰减与脉冲噪声的衰减区别不大。在环境噪声低于一定阈值时会"避开"被动式听力保护装置增强信息获取，佩戴者能听到环境声音和语音信息。该系统还能内置声音压缩机或自动增益控制（AGC）电路，随着声音水平的增加自动减少外部声音的放大。超过阈值时，旁通路关闭自适应滤波器，采用高阻尼材质的听力保护装置降低高频噪声。

图 5 - 2 - 8　AS - QuietPro 头盔音频显示模块

5.3　典型头盔音频系统

5.3.1　有源降噪头盔音频系统

从本质上来讲，有源降噪相当于在原系统中引入了一部分负反馈的电路，从而在实际输出时可以大幅削弱原来噪声信号的幅值，达到实际降噪的目的。周围的噪声被麦克风监测，通过电路模块产生相位相反的声波发射回士兵，降低噪声水平。这种消噪方案只能在选定的位置降低噪声。环境噪声由安装在被动式听力保护装置系统的外部麦克风（噪声麦克风）监测，捕获后噪声通过反相抵消、信号处理再由音频受话器（Headpone 换能器）发送至耳道入口附近的内部麦克风（误差麦克风），从而监控音频的总噪声水平，并提供一个差分信号，控制失相噪声，达到噪声水平最小化的目的。

主动降噪系统中的信号处理电路通常由相位逆变器、滤波器、调相装置、功率放大器、受话器、延时单元组成。由于环境噪声在时间和空间上变化很大，常用的自适应滤波器是采用最小均方算法的有限脉冲响应（FIR）滤波器，也称为"自适应噪声抵消系统"。图 5 - 3 - 1 左为意大利正在开发的未来士兵系统头盔音频系统，右为主动降噪简化电路，信号处理模块的噪声处理系统为自适应滤波器。

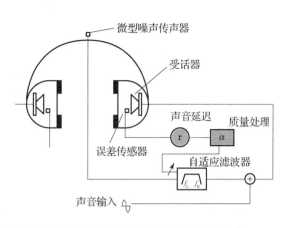

图 5 - 3 - 1　意大利未来士兵系统头盔音频系统（左）和主动降噪简化电路（右）

有源降噪技术早期只适用于耳罩式头盔音频系统。由于主动降噪系统并非在电路内将噪声消除，而是利用声波叠加原理抵消噪声，因此有可能在应对快速变化的噪声时出现暂时失效或延迟混叠现象，进而产生电流声。伴随着降噪过程数字化、智能化处理技术的发展，有源降噪器件逐渐应用于入耳式耳机、强抗噪骨传导送受话器的头盔音频系统中。

主动式降噪技术主要用于降低发动机、风扇产生的低频噪声，在低频下产生 20 ~ 35 分贝的降噪效果，高频段中波长降噪更复杂，所以它们在高频下的效率要低得多；而被动式降噪技术能降低气体阀门、气动装置、电动工具等产生的中高频噪声。装有拾音麦克风的被动式听力保护装置与主动降噪模块相结合能在较宽的频率范围内提供相对均匀的高噪声衰减，达到较好的通信、降噪、拾音功能。

5.3.2　头盔通信听力保护音频系统

不同人对噪声的易感性不同，但是长期暴露在噪声水平高的环境中会导致不同程度的听力损伤。连续 8 小时暴露在超过 85 分贝环境噪声下（如执行任务的飞机、履带车辆的发动机声）会导致听力损失；武器、火灾或炸弹爆炸这种脉冲噪声（其峰值声压级超过 140 分贝）可能让士兵听力造成永久性声创伤。通信听力保护式头盔音频系统结合了耳罩和耳机的双重音频传输设备，形成了被动式听力保护装置与主动降噪模块相结合的音频系统。耳罩采用了被动式降噪技术，能保护士兵听力、有效隔音；耳机能够保证正常通信，并且耳塞外部还装有独立的麦克风，拾取外部环境声音送入内耳，两侧麦克风独立工作，保证单兵态势感知能力。森海塞尔 WACH 900（如图 5 - 3 - 2 左下所示）专为步兵设计，通过通用导轨的魔术贴，音频系统既可安装在头盔内，也能戴在呼吸器下。森通塞尔的听力防护通信系统SNG100 可在作战中为车辆士兵衰减噪声 25 dB（如图 5 - 3 - 2 左上所示），另一类 SLC100为被动非线性降噪的军事防护耳机，通过非线性自适应滤波器和声场重构技术，实现主动降噪和立体声通话的功能（如图 5 - 3 - 2 右所示）。被动式非线性降噪军事化罩固定在合适的位置后，通过麦克风拾取军事背景噪声，经削顶技术和放大技术压缩变换波形，既能减轻枪炮等脉冲噪声对听觉器官的损害，又可拾取到远方的脚步声、交谈声，减少有效信息损失。

图5-3-2　森海塞尔通信听力保护系统

　　美国陆军航空医学研究实验室为飞行员头盔开发的通信听力保护耳塞，在换能器延伸的螺纹空心管上装上膨胀泡沫耳塞，低频衰减噪声约30分贝，在4 000～8 000赫兹衰减噪声约45分贝。当集成到飞行员头盔时，泡沫耳塞不但能提高无线电通信清晰度，还能增加约10分贝的听力保护。由于它能区分开有效信号与环境噪声，因此语音通信所需的音频增益较小。改进后的通信增强保护耳塞可使用于步兵数字化单兵作战头盔，在战术应用方面提供了新意，通过无线电输入信号的麦克风向士兵提供周围环境的声音，以36分贝的增益控制来自外部麦克风的声音水平。在最低增益设置下，士兵所听到的声级限制为95分贝（A），满足听觉防护的目的。当脉冲声级超过128分贝（峰值），通信增强保护系统的电路将自动禁用麦克风，防止有害噪声损坏听觉器官。通信听力保护耳塞和通信增强保护耳塞如图5-3-3所示。

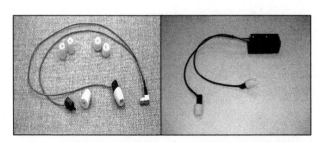

图5-3-3　通信听力保护耳塞（左）和通信增强保护耳塞（右）

　　美国空军研究实验室为直升机飞行头盔HGU-55P开发了定制型耳塞的通信增强保护系统，也叫可衰减定制通信耳机系统，嵌入的硅微型受话器可放入士兵的耳道中，如图5-3-4所示。相比入耳式泡沫耳塞，其舒适性更佳，降噪效果更好，可单独佩戴也可集成到单兵数字化头盔中（机组飞行人员、地面支援部队）。

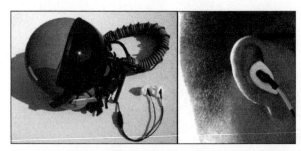

图5-3-4　飞行头盔HGU-55P（左）和可衰减定制通信耳机系统（右）

5.4　头盔音频系统技术发展建议

对于单兵数字化头盔而言，无论采用何种传导模式的耳机，都有比较成熟的技术。头盔音频系统技术发展应充分利用音视频系统目前成熟的民用技术。考虑到应用场景，耳机可选择与头盔一体设计的结构，也可以选择佩戴分离的便携式送、受话器。

随着微电子技术、半导体和集成电路技术的飞速发展，压电振荡骨传导技术逐渐成熟，典型头盔音频系统中的送话器可替换为骨传导接触式送话器，语音传输更为隐蔽，响应快速。在原有的压电式喉头送话器加装贴片电子线路模块后，通过设计合理的数字控制电路对机电转换的输出幅度进行有源放大和噪声抑制，调整电子线路模块的参数还可改变负载特性，由此组成的有源压电式喉头送话器不但信噪比高、固有噪声低、线性失真小，而且灵敏度高、输出阻抗和频率响应可调。目前单兵数字化头盔向着轻型化、集成化、通用化更高的方向发展，因此笨重的有源头戴式耳罩受话器逐渐被替换成入耳式拾音降噪耳塞。但有关通信技术仍没有完全发展成熟，如有源头戴式耳罩受话器已经能实现双线双通、单线双通的功能，并且可获得立体声环绕的音效，而入耳式拾音降噪耳塞的拾音效果临场感不如耳罩式受话器。

噪声防护技术的发展趋势是以士兵感知为中心，在传统被动防护技术的基础上，通过主动防护技术进一步提高降噪效果，提升态势感知能力。因此，头盔噪声防护系统的设计，需要同时考虑到头盔内的环境空间，兼顾佩戴者的舒适度来考虑噪声防护系统结构设计。在注重噪声防护的同时，需要关注有效声音信号和噪声信号之间的分离和筛选，优化有效信号获取和再现，结合佩戴者使用场景，提供其他声音辅助控制服务。头盔音频系统可以结合使用环境，通过音频防噪、筛选和强化技术，进一步提高音频呈现效果。有源降噪头盔音频系统与被动式听力保护装置相结合，通过反馈式、前馈式或混合式电路将噪声最小化，并能降低处理信号的时间，保证枪炮声这类脉冲噪声瞬间被抵消，满足在低频范围内有效保护听力，适应在野外等空旷环境中的作战需求。

第 6 章

探测与采集技术

单兵数字化头盔信息系统通过探测和采集技术感知战场信息，探测和采集技术主要包括微光夜视技术及红外探测技术。微光夜视技术通过像增强器来增强目标反射回来的微光，本身不需要主动光源，是一种被动式成像系统。红外探测技术主要是利用光电转换技术实现对夜间目标的探测，根据原理可分为主动式和被动式两种。在复杂战场情况下，微光夜视仪和红外探测器直接探测的图像很多是模糊或不可见的，因此，还需要通过图像处理技术将模糊甚至不可见的图像变得清晰，达到目标识别的目的。本章主要对单兵数字化头盔探测与采集系统中的微光夜视、红外探测以及图像处理等关键技术进行分析阐述。

6.1 微光夜视技术

微光夜视技术是研究在夜天光或能见度不良条件下，对光图像的增强、转换、传输、存储、再现及应用的光电技术。微光夜视技术可以扩展人眼在低照度下（0.1 勒克斯以下）的视觉能力，将人眼不可见的图像转变为可见图像，即降低人眼对光信息的亮度阈，提高人眼对光信息的空间分辨率，扩展人眼对光谱的适应范围。以微光像增强器为核心的各种微光夜视仪，如微光观察镜、瞄准镜、侦察镜、驾驶仪、头盔夜视眼镜等，已经被广泛用于坦克和装甲车火控系统、指挥控制系统、单兵综合系统以及无人航空器中，对提升部队的夜间作战能力起着非常重要的作用。

微光夜视技术主要适用于可见光波段，对近红外波段也有一定的响应。按成像原理，它分为直接成像技术和间接成像技术。单兵数字化头盔的微光夜视仪通常采用直接成像技术。

直接成像技术，是以像增强器为核心部件构成微光夜视仪，经过光－电－光的转换，将光学图像增强几万倍以上，观察者通过目镜直接观察，也可以用相机拍照。

间接成像技术，是以微光摄像器件为核心部件构成微光电视，与直接成像相比，微光电视可远距离遥控摄像，图像可多路远距离传输，供多点、多人同时观察，图像也可以存储和再现。

6.1.1 微光夜视技术发展

1. 微光夜视技术发展现状

微光夜视技术的核心是微光像增强器（微光管）。一般来讲，微光像增强器的发展历程就代表了微光夜视技术的发展历程。从 20 世纪 50 年代第一个微光像增强器的研发开始，可以根据其特征技术分为零代、第一代、第二代、第三代、超二代、第四代等不同阶段。

（1）零代微光夜视技术

20 世纪 40 年代最早出现的以 Ag – O – Cs 光阴极、电子聚焦系统和阳极荧光屏构成静电聚焦二极管为特征技术的像管被称为"零代变像管"。其阴极灵敏度典型值为 60 微安/流明，将来自主动红外照明器的反射信号转变为光电子，电子在 16 千伏的静电场下聚焦，能产生较高的分辨力（57 ~ 71 线对/毫米），但体积大、重量重、增益很低。

（2）第一代微光夜视技术

第一代微光夜视技术在 20 世纪 50 年代出现，成熟于 20 世纪 60 年代。伴随着高灵敏度 Sb – K – Na – Cs 多碱光阴极（1955 年）、真空气密性好的光纤面板（1958 年）、同心球电子光学系统和荧光粉性能的提升等核心关键技术的突破，真正意义上的微光夜视仪开始登上历史舞台。它的光电阴极灵敏度高达 180 ~ 200 微安/流明。一级单管可实现约 50 倍亮度增益。由于采用光纤面板作为场曲校正器，改善了电子光学系统的成像质量和耦合能力，使得第一代微光单管三级耦合级联成为可能，亮度增强 104 倍以上，实现了星光照度（10^{-3} 勒克斯）条件下的被动夜视观察，因而第一代微光夜视仪也被称为"星光镜"。1962 年，美国研制的 AN/PVS – 2 型第一代微光夜视仪的典型性能为：光阴极灵敏度 ≥ 225 微安/流明，分辨力 ≥ 30 线对/毫米，增益 ≥ 104，噪声因子 1.3。第一代微光夜视技术属于被动观察方式，其特点是隐蔽性好、体积小、重量轻、图像清晰、成品率高，便于大批量生产，缺点是怕强光、有晕光现象。

（3）第二代微光夜视技术

1962 年前后通道式电子倍增器——微通道板的研制成功，为微光夜视技术的升级提供了基础。经过长期探索，第二代微光夜视仪于 1970 年研制成功，它以多碱光阴极、微通道板、近贴聚焦为特征技术。尽管仍然使用 Sb – K – Na – Cs 多碱光阴极，但随着制备技术的不断改进，光阴极灵敏度（> 240 微安/流明）和红外响应得到大幅提升。一片微通道板便可实现 104 ~ 105 的电子增益，使得一个带有微通道板的第二代像增强器便可替代三个级联的第一代像增强器，并利用微通道板的过电流饱和特性，从根本上解决了微光夜视仪在战场使用时的怕强光问题。第二代微光夜视仪自 20 世纪 70 年代批量生产以来，现已形成系列化，和第三代微光夜视仪一起成为美欧等发达国家装备部队的主要微光夜视器材。其典型性能为：光阴极灵敏度为 225 ~ 400 微安/流明，分辨力为 32 ~ 36 线对/毫米，增益 ≥ 104，噪声因子为 1.7 ~ 2.5。

（4）第三代微光夜视技术

第三代微光夜视器件的主要技术特征是高灵敏度负电子亲和势光阴极、低噪声长寿命高增益微通道板和双冷铟封近贴。第三代像增强器保留了第二代像增强器的近贴聚焦设计，并加入了高性能的 GaAs 光阴极，其量子效率高、暗发射小、电子能量分布集中、灵敏度高。为了防止增强器工作时的离子反馈和阴极结构的损坏，在微通道板输入端引入一层 A1203 或 SiO_2 防离子反馈膜，大大延长了使用寿命。其典型性能为：光阴极灵敏度为 800 ~ 2 000 微安/流明，分辨力 ≥ 48 线对/毫米，增益为 104 ~ 105，寿命 > 7 500 小时，视距较第二代像增强器提高了 50% ~ 100%。第三代微光夜视仪的优势是灵敏度高、清晰度好、体积小、观察距离远，但工艺复杂、技术难度大、造价昂贵，限制了其大规模批量化使用，整体装备量与第二代微光夜视仪相当。

（5）超二代微光夜视技术

超二代微光夜视技术借鉴了第三代像增强器成熟的光电发射和晶体生长理论，并采用先进的光学、光电检测手段，使多碱阴极灵敏度由第二代像增强器的 225～400 微安/流明提高到 600～800 微安/流明，实验室水平可达到 2 000 微安/流明。同时扩展了红外波段响应范围（达到 0.95 微米），提高了夜天光的光谱利用率，分辨力达到 38 线对/毫米，噪声因子下降 70%，夜间观察距离较第二代提高了 30%～50%。整体性能与第三代像增强器相当，做到先进性、实用性、经济性的统一。同时，超二代微光夜视技术正由平面近贴管向曲面倒像管发展，探测波段继续延伸，性能将会进一步提高，有可能解决主被动合一、微光与红外融合的问题，具有极大的发展潜力和广泛的应用前景。

（6）第四代微光夜视技术

第四代微光夜视技术的核心技术包括去掉防离子反馈膜或具有超薄防离子反馈膜的微通道板和使用自动门控电源技术的 GaAs 光阴极。经过工艺技术的改进，第四代像增强器的阴极灵敏度达 2 000～3 000 微安/流明，极限分辨力达 60～90 微安/流明，信噪比达 25～30，且改进了低晕成像技术，在强光（10^5 勒克斯）下的视觉性能得到增强。1998 年美国 Litton 公司首先研制成功无膜微通道板的微光像增强器，在目标观测距离、分辨力等方面表现出优异的性能，成为微光夜视技术领域的热点。

2. 微光夜视技术发展趋势

微光夜视技术的发展离不开光电阴极、光纤面板、微通道板、封接材料等核心技术突破。随着微机械加工技术、半导体技术、电子处理技术的不断发展，微光夜视技术已突破传统微光像增强器的技术范畴，形成一些新的技术动态和发展方向。

（1）微光与红外融合夜视技术

微光与红外是夜视技术的两大重要分支，除了二者在原理、成像特点和性能方面的不同，单从应用环境来看，微光夜视技术可以应用于山区、沙漠等热对比度小的环境，而红外夜视技术在雾霾、雨雪等低能见度环境下具有明显优势，可见二者互有利弊、互相补充、不可替代。研究微光与红外融合技术是当前夜视技术的重要发展方向之一，在实现技术手段上有两种主要方式，均取得了比较良好的效果：一是拓展光敏元件的光谱响应范围，提升在近红外区的光谱利用率；二是以综合传感器技术、图像处理技术、信号处理技术等多种技术实现微光图像与红外图像的融合，如图 6 – 1 – 1 所示。

图 6 – 1 – 1　微光图像与红外图像融合效果对比

（2）数字化微光夜视技术

数字化微光夜视技术是微光夜视技术领域的最新进展，是能将微弱的二维空间光学图像，转换为一维的数字视频信号，并再现为适合人眼观察的技术，涉及图像的光谱转换、增强、处理、记录、存储、读出、显示等物理过程，通过数字技术手段，改造、提高、丰富了微光夜视技术，是现代信息化战争的关键技术之一。该技术是把微光像增强器通过光纤光锥或中继透镜与 CCD（电荷耦合器件）或 CMOS（互补金属氧化物半导体）等固体视频型图像传感器耦合为一体，实现微光图像转变为数字信号传输。近年又相继出现了电子轰击CCD（EBCCD）、背照 CCD 等多种新技术且发展迅速。

（3）全固体微光夜视技术

传统的微光像增强器属于电子真空器件，对元件气密性和真空封接技术要求严苛，生产工艺复杂、合格率低、成本很高。随着科学技术的发展，一种新型的全固体微光夜视技术悄然兴起，并迅速成为国内外研究热点，代表了微光夜视技术的未来发展趋势。

雪崩电子倍增（EMCCD）是一种全固体的微光夜视视频器件，工作时先将图像信号转换为视频信号，在视频信号和读出电路之间增加一个信号倍增电路，放大微弱输入信号的同时达到改善信噪比的目的。其核心是基于 P 型 Si 高压反偏置二极管雪崩电子倍增（APD）原理的"扩展型雪崩电子倍增寄存器"，即在增益寄存区中通过瞬时反偏压技术，导致半导体形成耗尽层，该层中的少数载流子（光电子）在传输过程中，以高的能量碰撞电离，一个电子碰撞产生两个以上的新电子，多次碰撞诱发雪崩式电子倍增，完成信号电子在输出前的低噪声预放大功能，从而能实现在较低照度场景下工作。在 EMCCD 研发方面，国内尚处于起步阶段，与美、英、俄等发达国家差距明显。

另一类重要的全固体微光夜视器材是 InxGal – xAs 微光器件，以其自身极高的夜天光光谱响应效率和响应灵敏度达到优良微光成像性能。典型 InxGal – xAs 微光器件的光谱响应波段覆盖 0.87 ~ 3.5 微米，光谱利用率高，成像细节分辨力、对比度高，响应时间达到飞秒级。

6.1.2　微光夜视仪组成

微光夜视仪利用微光增强技术有效地获取目标信息，实现在低照度条件下对目标进行观察。头盔微光夜视镜通常采用直视型微光夜视仪。

直视型微光夜视仪主要由微光光学系统、像增强器、电源三部分组成，系统基本结构示意图如图 6 – 1 – 2 所示。从光学原理而言，微光夜视仪是带有像增强器的特殊望远镜。

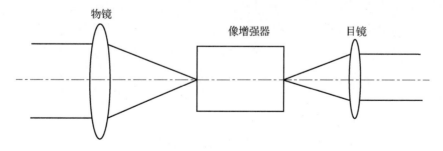

物镜　　　　　　　像增强器　　　　目镜

图 6 – 1 – 2　微光夜视系统基本结构示意图

1. 微光光学系统

微光光学系统主要包括强光力物镜和目镜。它的特点是适于在微光条件下应用。物镜将背景和目标来的可见光聚焦成像在像增强器的光电阴极面上。为了缩小总体尺寸，减轻重量，又能获得较长的物镜焦距，一般微光夜视仪物镜多采用折反射式光学系统。

2. 像增强器

像增强器是微光夜视仪的"心脏"，作用是将暗图像增强为清晰可见的图像。

（1）像增强器组成

像增强器主要由光阴极输入窗、电子光学系统（电子透镜）、荧光屏和光纤面板等几部分组成，如图 6-1-3 所示。

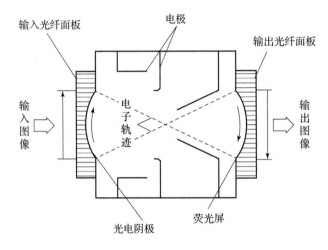

图 6-1-3 像增强器结构原理示意图

1）光阴极输入窗

像增强器的光阴极输入窗是采用光电发射材料制成的，光阴极面利用外光电效应将系统接收到的目标辐射光子转换成光电子发射，所发射的电子流密度分布与入射的辐射通量分布成正比，将输入的低能辐射图像转换成电子图像，由此完成辐射图像的光电转换。

2）电子光学系统

电子光学系统的作用是使低能的光电子图像得到加速并使其聚集到荧光屏上，到达荧光屏时的高速运动的光电子流具有非常大的能量，由此完成电子图像的能量增强过程。常用的电子光学系统有静电聚焦成像系统和电磁复合成像系统。前者靠静电场的加速和聚焦作用，后者靠电场的加速和磁场的聚焦作用。由于电磁复合成像系统结构复杂，所以多采用静电聚焦成像系统。

3）荧光屏

荧光屏是由发光材料的微晶颗粒沉积而成的薄层，可将光电子动能转换成光能，即将得到能量增强后的光电子图像转换成可见的光学图像，实现电子图像的发光显示。像增强器的荧光屏不仅需要有高的电光转换效率，还要满足输出的辐射光谱与人眼的光谱响应一致。通常认为，黄绿光荧光屏适合于目视观察系统，光谱分布与人眼视觉特性相匹配。

（2）像增强器的成像特性

像增强器既是辐射探测器件，同时也是图像成像器件。作为微光夜视系统的探测器件，像增强器要有足够的亮度增益、低的背景噪声、高的光谱响应度、高的图像传递信噪比。作为图像成像器件，它应该具备好的成像特性。像增强器光阴极面接收来自物空间的图像辐射，这一辐射在光阴极面上的强度分布构成输入图像，通过像增强器的转换与增强在荧光屏上产生相应的亮度分布，构成输出图像。像增强器在完成转换与增强的过程中，由于非理想成像，所以输出图像的几何尺寸、形状及亮度分布不能准确地再现输入的辐射照度分布而使像质下降。这种像质下降主要表现在几何形状及亮度分布的失真。通常用放大率、畸变、分辨力和调制传递函数来描述像增强器的成像特性。

1）放大率

放大率是表征像增强器对图像几何尺寸缩放能力的一个性能参数。像增强器的放大率 m 指的是荧光屏输出的图像几何尺寸 l' 与对应的光电阴极输入图像的几何尺寸 l 之比，如式（6 - 1 - 1）所示：

$$m = \frac{l'}{l} \qquad (6-1-1)$$

2）畸变

由于像增强器电子光学系统多采用静电聚焦系统，它的不同离轴高度所对应的轴外放大率是不同的，这就导致了成像几何形状发生变化，即产生像的畸变。轴外放大率 m_r 由阴极面上高度为 r_0 的主轨迹在给定像面上落点的径向离轴高度 r_i 与 r_0 的比值确定，如式（6 - 1 - 2）所示：

$$m_r = \frac{r_i}{r_0} \qquad (6-1-2)$$

m_c 为中心放大率，畸变程度 D 可用式（6 - 1 - 3）表示：

$$D = \frac{m_r - m_c}{m_c}\% \qquad (6-1-3)$$

3）分辨力

成像器件的分辨力是指其刚能分辨清两个相邻极近目标像的能力，是表征成像器件综合极限性能的参量。像增强器成像质量受多种因素综合影响，像增强器中的电子光学系统本身存在多种像差，荧光屏粉层对光的横向散射，以及级间耦合元件对光的散射、串光等，都会造成亮度分布失真，使输出图像的清晰度下降。测定分辨力是评定像增强器成像质量的一种简单有效的方法。

测定像增强器的分辨力需要使用高对比度的标准测试板，将标准测试板图案聚焦在像增强器的光阴极面上，通过目视方法观察出射荧光屏上每毫米尺度所包含的能够分辨的黑白相间等宽矩形条纹的对数，得到的线对数就是像增强器的分辨力数值。测试板上每个单元包括四个方向或两个方向的条纹，如果能同时看清各个方向的条纹，则认为能分辨该单元，如果无法同时看清，则认为不能分辨该单元。用分辨力表示像增强器的成像质量，装置方便易行，意义明确，便于比较。但由于是一种主观测量方法，得到的结果受人眼差异和主观因素影响，也存在一定的误差。一般来说，像增强器中心的成像性能好于边缘，常用中心分辨力来表示。各代像增强器的极限分辨力如表 6 - 1 - 1 所示。

表 6 – 1 – 1　像增强器的极限分辨力

像增强器	极限分辨力（线对/毫米）
第一代	30
第二代	50
第三代	60
第四代	90

4）调制传递函数

调制传递函数作为成像性能评价指标，能较为客观和全面地描述系统的成像质量，全面反映系统自低频到高频的传递特性。传递函数可把大多数像质指标如像差和分辨力统一起来，将系统内各组成部分的传递性能联系起来，对整体用统一的方法作综合的评定。因此，用传递函数来定义极限鉴别力更为全面和精确。像增强器调制传递函数可定义为荧光屏上输出的谐波调制度与对应光阴极上输入的谐波调制度之比。常用的光电子成像器件调制传递函数经验公式如式（6 – 1 – 4）所示：

$$MTF(N) = e^{-(N/N_c)^n} \qquad (6-1-4)$$

式中：N_c——代表 e^{-1} 时的空间频率（线对/毫米）；

n——器件指数，其值为 1.1 ~ 2.1，根据器件类型而定。

第一代至第四代像增强器调制传递函数曲线如图 6 – 1 – 4 所示。

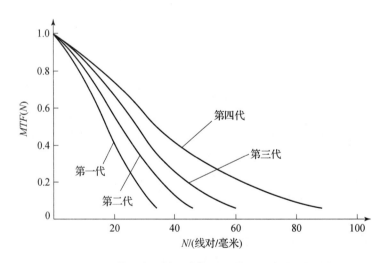

图 6 – 1 – 4　第一代至第四代像增强器调制传递函数曲线

3. 电源

电源包括低压电池和高压供电装置两部分。目前一些新的高压供电装置还带有防闪光的自动保护装置。

6.1.3　微光夜视仪的工作原理

微弱自然光经由目标表面反射，进入夜视仪；在强光力物镜作用下聚焦于像增强器的光电阴极面（与物镜后焦面重合），激发出光电子；光电子在像增强器内部电子光学系统的作用下被加速、聚焦、成像，以极高速度轰击像增强器的荧光屏，激发出足够强的可见光，从而把一个被微弱自然光照明的远方目标变成适合人眼观察的可见光图像，经过目镜的进一步放大，实现更有效的目视观察。以上过程包含了由光学图像到电子图像再到光学图像的两次转换。

通常按所用的像增强器的类型对微光夜视仪进行划分，有第一代、第二代、第三代、超二代、第四代微光夜视仪之称。它们分别是级联式像增强器、带微通道板的像增强器、带负电子亲和势光电阴极的像增强器、改进多碱光阴极、低光晕成像技术的像增强器。

1. 第一代微光夜视仪

第一代微光夜视仪由强光力物镜（折射式或折反式）、三级级联像增强器（如图 6 - 1 - 5 所示）、目镜和高压供电装置组成。其中的高压供电部分常使用含有自动亮度控制电路或自动防闪光电路的倍压整流系统，以提供高达 36 千伏的直流电压；有的还包含自动补偿畸变电路、电池电压下降自动补偿电路。制作时选用超小型元器件，呈环形安装在像增强器周围，用硅橡胶灌封成体。

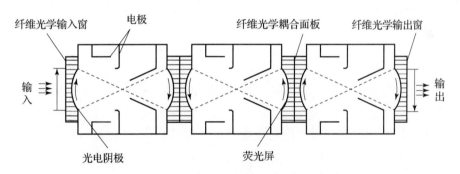

图 6 - 1 - 5　第一代三级级联像增强器结构示意图

由于经过三级增强，因而第一代微光夜视仪具有很高的增益。第一代像增强器具有成像清晰、工艺简单的特点，但体积大、结构笨重、防强光能力差。

2. 第二代微光夜视仪

第二代微光夜视仪与第一代的根本区别在于它采用的是带微通道板的像增强器。由于像增强器更迭，电源也相应变化。至于系统的物镜、目镜，与第一代微光夜视仪没有差别。

作为第二代像增强器，微通道板像增强器与第一代像增强器的显著差异是，它是以微通道板的二次电子倍增效应作为图像增强的主要手段，而在第一代像增强器中，图像增强主要是靠高强度的静电场来提高光电子的动能。微通道板像增强器的结构形式有双近贴式和倒像式两种，如图 6 - 1 - 6 所示。

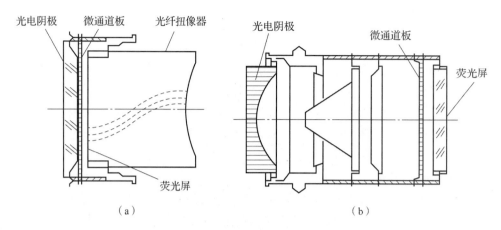

图6-1-6　微通道板像增强器的两种结构形式

(a) 双近贴式；(b) 倒像式

微通道板以通道入口端对着光电阴极，且位于电子光学系统的像面上，出口端对着荧光屏。两端面电极上施加工作电压形成电场，高速光电子进入通道后与内壁碰撞，激发出二次电子。因内壁具有很好的二次电子倍增特性，故能形成加强的二次电子束流，这些二次电子又会在通道内电场的加速下再次撞击通道内壁，产生更多的三次电子，如此重复，直至从通道出口端射出。

取每次碰撞的二次倍增益系数为 $\delta = 2$，总碰撞次数累计为 10，则通道的电子数增益为 $G_e = 2^{10} \approx 10^3$。由此可见，通道电子流增强效能非常高。因各通道彼此独立，故一定面积的微通道板可将二维分布的电子束流各自对应放大，即实现电子图像增强。

第二代微光夜视仪发展很快，目前使用的微通道板像增强器，一个像增强器的增益即与三级级联式第一代像增强器水平相当，但体积和重量却大大减小，长度减小到只有原来的 $1/5 \sim 1/3$。从光学性能来说，第二代微光夜视仪成像畸变小，空间分辨力高，图像可视性好，尤其是其具有自动防强光性能和观察距离远等特点，表现出良好的实用优势，现在已大量用于武器瞄准镜和各种观察仪，是装备量最大的微光夜视器材。

3. 第三代微光夜视仪

与第一代、第二代微光夜视仪相比，第三代微光夜视仪的突出标志是核心部件第三代像增强器采用了具有负电子亲和势的 GaAs 光电阴极取代多碱光电阴极，同时利用微通道板对目标像信号放大。这一取代使像增强器的性能乃至第三代微光夜视仪的性能发生了更新换代的变化。为了充分发挥第三代像增强器的性能优势，与之配套的光学系统也表现了若干新的构思，比如采用非球面形、引入便于制造和更换的光学塑料透镜组件、应用光学全系透镜等。

由于 GaAs 光电阴极结构的限制，入射端玻璃窗必须是平板形式，故第三代像增强器目前还只能采用双近贴结构，包括电子亲和势光电阴极、微通道板、P20 荧光屏、铟封电极和电源，如图 6-1-7 所示。

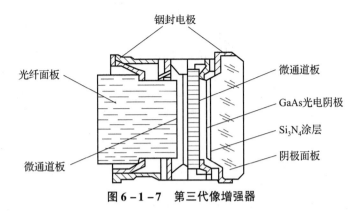

图 6 - 1 - 7　第三代像增强器

量子效率高、光谱响应宽是第三代像增强器的特殊优点。实测表明，透射式 GaAs 光电阴极比 Sb - K - Na - Cs 光电阴极的灵敏度高三倍多，且使用寿命明显延长；量子效率也高得多，光谱响应波段宽，而且向长波区明显延伸，这就更能有效地应用夜天辐射特性。第三代像增强器内也有微通道板，因而也具有自动防强光损害能力。

4. 超二代微光夜视仪

超二代微光夜视仪采用超二代像增强器。超二代像增强器在第二代像增强器基础上通过改进技术使多碱光电阴极的灵敏度和微通道板性能得到提高，并借鉴第三代像增强器的结构和研究工艺，使其成像质量得到改善，分辨力和输出信噪比接近第三代像增强器的水平，观察距离也有了很大提高。由于工艺相对简单，成本相对较低，因而成为目前的主流产品。

5. 第四代微光夜视仪

第四代微光夜视仪采用第四代像增强器。第四代像增强器使用了新型高性能无膜微通道板，光电阴极与微通道板间采用自动门控电源，使用低光晕成像技术。自动门控电源可以自动控制光电阴极电压，改善在环境光线过强或有照明情况下的夜视效果。低光晕成像可以极大地减少由电子在像增强器的光电阴极到板的间隙中散射而引起的光晕。以上新技术的出现使得微光夜视仪的性能得到又一次飞跃，所以被称为第四代微光夜视仪。

6.1.4　典型头盔式微光夜视装备

1. AN/PVS - 14 单目夜视镜

AN/PVS - 14 单目夜视镜是目前世界上列装数量最多、性能先进的美军单目微光夜视装备。最初由 ITT 夜视公司（目前为 ITT 哈里斯公司）与美国陆军夜视与电子传感器理事会（NVESD）的"夜视/侦察、监视与目标截获"（NV/RSTA）部合作研发。

AN/PVS - 14 的主要技术特点包括以下几个方面：一是"卡扣"式装置的应用，能够输入彩色图像和视频，其具有多种结构和配置，能满足不同终端用户的需求；二是可以安装在头盔上使用，也可以作手持观察瞄准镜使用，同时还可以安装到武器导轨上作夜间瞄准镜使用；三是采用第三代像增强器；四是轻便小巧，独立供电，可以调节增益，可拓展性很强，并且还有 IR 照明；五是具有上翻/下翻的功能，使用者可以将 PVS - 14 向上推，从眼前移开；六是具有单电池款的装置，拥有和双电池型号一样的特色和多功能性，但重量更轻；七是具备输入和输出智能视频、静态照片及其他关键战场情报的能力。

AN/PVS – 14 单目夜视镜的主要技术参数如表 6 – 1 – 2 所示。

表 6 – 1 – 2　AN/PVS – 14 单目夜视镜的主要技术参数

像增强器	ITT 公司的 F9815 第三代薄膜 Pinnacle™像增强管
分辨率	轴向分辨率为 1.3 立方码/毫弧度（F6015P）1.2 立方码/毫弧度（F6015C/J）
视场	40°（±2°）
放大率	1 ×（±0.03）
系统亮度增益	25 坎德拉/（米²·勒克斯）调节到 3 000 坎德拉/（米²·勒克斯）
视度调节	+2 ~ –6 屈光度
瞳距调节	55 ~ 71 毫米
物镜	EFL26 毫米，F/1.2，T1.3
目镜	EFL26 毫米
眼点距	25 毫米
出瞳	14 毫米
调焦范围	25 厘米 ~ ∞
电源	1 只或 2 只 1.5 伏 DC 电池
工作温度	–51 ℃ ~ +49 ℃
储存温度	–51 ℃ ~ +85 ℃
重量	0.355 千克（单电池）；0.380 千克（双电池）

　　AN/PVS – 14 是美陆军、海军陆战队的常规地面部队配发的夜视仪。2003 年 9 月，ITT 公司宣布与加拿大和英国的客户签订首批合同，到 2013 年公司已经与包括英国、加拿大、挪威、美国、中东等许多国家签订了数十亿美元的订购合同。ITT 公司主要提供配备 Omnibus Ⅶ，Omnibus Ⅷ像增强器的微光夜视装置。图 6 – 1 – 8 是佩戴 AN/PVS – 14 单目夜视镜的士兵。

图 6 – 1 – 8　佩戴 AN/PVS – 14 单目夜视镜的士兵

2. AN/PVS - 23 微光夜视双目镜

AN/PVS - 23 微光夜视双目镜最初由 ITT 夜视公司（目前为 ITT 哈里斯公司）研发生产，安装在头盔上，供士兵观察目标使用，适用于那些要求提高景深的应用场所，属于飞行员双目头盔观察镜的地面版。

AN/PVS - 23 主要性能特点包括以下几个方面：一是采用航空级别的光学系统和高分辨率的第三代 F9800 Ⅱ 像增强器，结构与飞行员夜视成像系统（ANVIS）一样；二是采用铝材制作主镜身，比 AN/AVS - 6 飞行员夜视成像系统更结实；三是其包括一个可调节（聚光/泛光）红外指示器和一个头盔支架；四是其由一只 AA 内部电池供电，也可以通过装在外部电池盒里的两只 AA 电池供电；五是可以使用无线电和智能手机启用数据，提供共享态势感知的能力。AN/PVS - 23 微光夜视双目镜的主要技术参数如表 6 - 1 - 3 所示。

表 6 - 1 - 3　AN/PVS - 23 微光夜视双目镜的主要技术参数

像增强器	18 毫米三代像增强器 F9800
光谱范围	可见至 0.9 微米
视场	40°（ -2°/ +1°）
放大率	1 ×
分辨率	1.3 立方码/毫弧度（最小值）
系统亮度增益	6 000 坎德拉/（米^2·勒克斯）（最小值）
汇聚度	≤1.0°
发散度	≤0.3°
视度调节	+2 ~ -6 屈光度
瞳距调节	52 ~72 毫米
前后调节	25 毫米
倾斜调节	10°（最小）
物镜	EFL27 毫米，F/1.23，T1.35
目镜	EFL27 毫米
眼点距	25 毫米
出瞳	14 毫米
全视场	6 毫米
调焦范围	41 厘米 ~∞
内部电池	1 ×1.5 伏 DCAA 电池
外部电池	2 ×1.5 伏 DCAA 电池
工作温度	-32 ℃ ~ +52 ℃
重量	0.68 千克

在 2013 年 9 月的 DSEI 展会上，公司宣布收到了几份加拿大的 FMS 合同，合同总价为 900 万美元，包括供应数量不详的 AN/PVS–14 和 AN/PVS–23 微光双目夜视镜以及相应的第二代像增强器附件。图 6–1–9 是头戴式 AN/PVS–23（F5050）微光双目夜视镜，图 6–1–10 是安装在 REBR 型头盔上的 AN/PVS–23（F5050）微光双目夜视镜。

图 6–1–9　头戴式 AN/PVS–23（F5050）微光双目夜视镜

图 6–1–10　安装在 REBR 型头盔上的 AN/PVS–23（F5050）微光双目夜视镜

3. AN/PVS–31 双目微光夜视装置

L–3 哈里斯公司生产的 AN/PVS–31 双目微光夜视装置，可供士兵观察、侦察使用，也可用于行军、车辆驾驶，较单筒夜视仪更有距离感，可替代 USSCOOM 库存中的传统 AN/PVS–15 夜视镜。

AN/PVS–31 双目夜视装置的性能特点包括以下几个方面：一是该装置是迄今为止体积最小、重量最轻的三代双目双筒夜视装置，重量不到 1 磅，几乎和单管观察镜的一样轻，显著减轻操作人员头部的负重，改进重心系统，提供额外的作战效能，并提高整体操作员的态势感知能力；二是采用 L–3 哈里斯公司最新的三代无膜像增强器，提供较高的清晰度和分辨率；三是配备自动门控开关，可在极短的时间内适应战场突变的光线环境，如炮弹或炸弹的爆炸闪光等干扰性质的强光；四是有独立的绕轴旋转支架，操作员既可把它用作双筒夜视仪，又可把它用作单筒夜视仪；五是可以使用一个车载 AA 电池或安装在头盔后面的远程电池组。图 6–1–11 是 AN/PV S–31 双目夜视装置。

图 6 -1 -11　AN/PV S -31 双目微光夜视装置

AN/PVS -31 是陆军新型的夜视仪，需要外接电池盒供电，镜筒可以上翻（AN/PVS -15 同样可以上翻），单独抬起一只目镜来瞄准比较方便，结构上基本与双目的 AN/PVS -14 相同。AN/PVS -31 装备美国特种作战部队，以及供行政执法人员使用。AN/PVS -31 的主要性能参数如表 6 -1 -4 所示。

表 6 -1 -4　AN/PVS -31 的主要性能参数

像增强器	18 毫米 MX -10160 增益可调节（也可用 MX -11769 代替）
薄膜	无
增益调节	自动
视场	40°
放大率	1 ×
分辨率	64 ~ 72 线对/毫米（典型值）
门控电源	自动
视度调节	+2 ~ -2.5 屈光度
调焦范围	18 英寸 ~ ∞
头戴使用电池	1 × 1.5 伏 DCAA 电池
遥控使用电池	4 × 1.5 伏 DCAA 电池
电池寿命	>15 小时（1 只电池）；>50 小时（4 只电池）
工作温度	-32 ℃ ~ +52 ℃
重量	0.99 磅

4. GPNVG -I8 -ANVIS 地面周视夜视头盔观察镜

GPNVG -I8 -ANVIS 地面周视夜视头盔观察镜是目前世界上最先进、最具有创新性的头盔夜视装置，由 L -3 勇士（Warrior）系统公司研制。经战场试验，它能将更多的信息传递到操作人员的头盔中，以便让操作人员能够快速进行观察、定位、判定、行动。

GPNVG -18 -ANVIS 地面周视夜视头盔观察镜的主要性能特点包括以下几个方面：一是其具有 4 个独立的像增强器，带 4 个独立的物镜，呈水平排布，产生前所未有的、空前大的 97°视场；二是其由一个可遥控的电池盒供电，通过标准的 ANVIS 电缆与观察镜连接；三是电池盒内装有 4 只 CR123A 电池为观察镜提供电源，电池使用寿命大约为 30 小时；四是其重量轻仅为 27 盎司①。图 6 - 1 - 12 是 GPNVG - 18 - ANVIS 地面周视夜视头盔观察镜，图 6 - 1 - 13 是 GPNVG - 18 - ANVIS 夜视效果图。

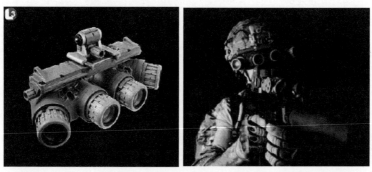

图 6 - 1 - 12　GPNVG - 18 - ANVIS 地面周视夜视头盔观察镜

图 6 - 1 - 13　GPNVG - 18 - ANVIS 夜视效果图

6.2　红外成像技术

红外成像技术是将景物辐射或反射的红外能量的分布状态加以记录，并转换成可见光图像的技术。红外成像按红外线来源，分为主动式红外成像和被动式红外成像。前者需用红外光源照射景物，后者不需红外光源。红外成像具有揭示人眼看不到的热现象的能力，广泛应用于军事，如夜间观察、空中和地面侦察、红外跟踪和制导、探测伪装等，在工业、气象、医疗、环境监测和资源勘探等部门也得到了应用。

红外成像技术实质上是一种波长转换技术，即把红外辐射转换为可见光的技术，利用景物本身各部分辐射的差异获得图像的细节，通常采用 3 ~ 5 微米和 8 ~ 14 微米两个波段。这种成像技术既克服了主动红外夜视仪需要人工红外辐射源，并由此带来容易自我暴露的缺点，又克服了被动式微光夜视仪完全依赖于环境自然光的缺点。红外成像系统具有一定的穿透烟、雾、霾、雪等限制以及识别伪装的能力，不受战场上强光、闪光干扰而致盲的影响，可以实现远距离、全天候观察。这些特点使热成像系统特别适合军事应用。

---

①　1 盎司 = 28.35 克。

6.2.1 红外成像技术发展

作为军用夜视装备的主体技术之一的红外成像器件及其系统技术是 20 世纪 80 年代发展起来的，美国、英国、法国、德国和俄罗斯等国处于研究、开发和应用的领先地位。其装备包括红外观察仪、红外瞄准镜、潜望式红外热像仪、火控热像仪、红外跟踪系统、前视红外系统及红外摄像机等。

红外成像技术可分为制冷和非制冷两种类型；前者有第一代、第二代和第三代之分，后者可分为热释电摄像管和热电探测器阵列两种。

1. 红外成像技术发展现状

（1）第一代红外成像技术

第一代红外成像技术主要由红外探测器、光机扫描器、信号处理电路和视频显示器组成。红外探测器是系统的核心器件，决定了系统的主要性能。红外探测器有锑化铟（InSb）和碲镉汞（HgCdTe 或 CMT）等器件。当前广泛发展的是高性能多元 HgCdTe 探测器，器件元数已高达 60 元、120 元和 180 元。20 世纪 80 年代初，一种称为 SPRITE 探测器（或称扫积型探测器）的器件在英国问世，它是由几条纵横比大于 10：1 的窄条光导型 HgCdTe 元件所组成，在正偏压下工作。SPRITE 探测器除了具有信号检测功能，还能在器件内部实现信号的延迟和积分，减少器件引线数和热负载。与多元探测器相比，杜瓦瓶结构简单，工艺难度下降，大大提高了可靠性。一个 8 条 SPRITE 探测器相当于 120 元 HgCdTe 探测器的性能，但只需 8 个信号通道。为便于组织大批量生产，降低热像仪成本，省去重复设计和研制的费用，便于维修、保养和有效地装备部队，美、英、法等国都实行了热成像的通用组件化。美国热成像通用组件采用多元 HgCdTe 探测器，并扫体制；英国则采用 SPRITE 探测器，串、并扫体制。这两种热成像系统温度分辨力都可小于 0.1 ℃，图像清晰度可与像增强技术的图像相媲美。

（2）第二代红外成像技术

第二代红外成像技术采用了红外焦平面探测器阵列（IRFPA），从而省去了光机扫描机构。这种焦平面阵列借助于集成电路的方法，将探测器装在同一块芯片上并具有信号处理的功能，利用极少量引线把每个芯片上成千上万个探测器信号读出到信号处理器中。由于去掉了光机扫描，这种用大规模焦平面成像的传感器又被称为凝视传感器。它的体积小、重量轻、可靠性高，在俯仰方向可有数百元以上的探测器阵列，可得到更大张角的视场，还可采用特殊的扫描机构，用比通用热像仪慢得多的扫描速度完成 360°全方位扫描以保持高灵敏度。第二代红外成像技术在温度灵敏度、成像大小、成像质量上有了较大的提高，同时采用了超大规模集成电路，系统体积也有了明显减小。在相同的工作条件下，第二代红外成像系统的作用距离是第一代红外成像系统的 1.5～2 倍。自 20 世纪 80 年代起，西方国家部队已经开始装备第二代红外热像仪。

（3）第三代红外成像技术

第三代红外成像技术采用的红外焦平面探测器单元数已达到 320×240 或更高，其性能提高了近 3 个数量级。目前，3～5 微米焦平面探测器的单元灵敏度之比 8～14 微米探测器高 2~3 倍，因而，基于 320×240 元的中波与长波热像仪的总体性能指标相差不大，所以 3~5 微米焦平面探测器在第三代焦平面成像技术中格外重要。从长远看，高量子效率、高灵敏度、覆盖中波和长波的 HgCdTe 焦平面探测器仍是焦平面器件发展的首选。

（4）非制冷型红外成像技术

由于制冷型红外探测器材料昂贵，探测器的成品率很低，因此制冷型红外成像系统价格昂贵；制冷型红外成像系统需要一套制冷设备，系统成本增加，系统的可靠性降低；制冷型红外成像系统功耗大、体积大、笨重，难以实现小型化，这些都限制了制冷型红外成像系统的广泛应用。

非制冷型红外焦平面探测器阵列具有室温工作、无须制冷、光谱响应与波长无关、制备工艺相对简单、成本低、体积小巧、易于使用、维护和可靠性好等优点，因此形成了一个新的富有生命力的发展方向，其目的是以更低的成本、更小的尺寸和更轻的重量来获得极好的红外成像性能。近年来，已研制成功三种不同类型的非制冷红外焦平面探测器阵列，这三种不同类型的非制冷红外焦平面探测器阵列工作的物理机理分别为：

①热电堆阵列，根据塞贝克（Seebeck）效应检测热端和冷端之间的温度梯度，信号形式是电压；

②测辐射热计阵列，探测温度变化引起载流子浓度和迁移率的变化，信号形式是电阻；

③热释电阵列，探测温度变化引起介电常数和自发极化强度的变化，信号形式是电荷。

在这三种不同类型的非制冷红外焦平面探测器阵列器件中，测辐射热计阵列的发展最为迅速，并且取得了令人瞩目的成就。它采用类似于硅工艺的硅微机械加工技术进行制作，为了实现有效的热绝缘，一般采用桥式结构。测辐射热计阵列的灵敏度主要取决于它与周围介质的热绝缘，即热阻，热阻越大，可获得的灵敏度就越高。目前测辐射热计阵列的温度分辨率可达 0.1 ℃。非制冷测辐射热计阵列技术是红外成像技术在过去 20 年中取得的最重要的进展。2000 年，法国 SOFRADIR 公司生产出了第一只非制冷焦平面红外探测器，探测器阵列规模为 320×240，像元中心距为 45 微米，填充因子大于 80%，噪声等效温差（NFTD）达到 0.1 ℃（典型值）。

2. 红外成像技术发展趋势

红外成像技术的发展以红外探测器的发展为标志，可以从红外探测器的发展来推断其发展趋势。

提高探测器工作温度，高性能室温红外探测器和焦平面器件是发展重点之一，不需要制冷器，将会使整机更精巧、更可靠，从而实现全固体化。

红外焦平面器件发展到高密度、快响应、元数达到 10^6~10^{10} 以上的大规模集成器件，由二维向三维多层次结构发展，在应用上就可以实现高清晰度热像仪，极大地缩小整机体积，增强功能。

双色、多色红外器件的发展使整机可同时实现不同波长的多光谱成像探测，成倍扩大系统信息量，成为目标识别和光电对抗的有效手段。

探测器在焦平面上实现神经网络功能，按程序进行逻辑处理，使红外整机实现智能化。

目前的红外成像技术没有充分利用红外辐射的各种特性。随着探测技术和传感器技术的发展，红外探测的精度和灵敏度越来越高，人们对于记录和再现现实环境的要求也越来越高，要求探测技术达到对环境的全面监测。目前，世界各国装备的各种红外侦察装备大都能通过探测目标的红外辐射，提供目标的二维空间信息，但无法确定目标的距离信息。因而随着对环境空间参数准确性的要求不断提高，拓展空间距离信息，寻找适当的实时准确的三维空间信息获取手段，已经变得越来越重要。因此，人们试图找到一些新方法来提高目标与背景信号的信噪比，改善特定环境的应用场合下对特定目标检测的准确度和清晰度，获取更加丰富的目标信息，这就是科学家们不断探索新型红外成像机理的原动力。科学家们从红外信号的不同频段、幅度、相位和偏振等特性寻求新的成像方法，一些新型红外成像技术不断研究出来。

6.2.2　红外夜视仪组成

红外夜视仪根据系统本身是否带有红外辐射源分为主动式和被动式，带有红外辐射源的称为主动式红外夜视仪，无红外辐射源的称为被动式红外夜视仪，也称热成像仪。

1. 主动式红外夜视仪的组成

主动式红外夜视仪是最早获得实际应用的一种夜视装置，其最大特点是自带红外光源，主动照射目标，依靠目标反射的红外线成像，故称为主动式红外夜视仪。其工作波段在近红外区（0.76~1.2 微米）。

主动式红外夜视仪通常由红外辐射源、红外光学系统、红外变像管和电源等组成，如图 6-2-1 所示。

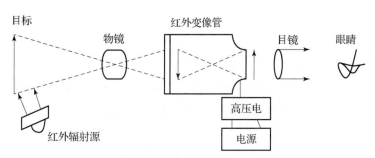

图 6-2-1　主动式红外夜视仪结构示意图

（1）红外辐射源

红外辐射源提供仪器所需的红外辐射能量。常用的辐射源有热辐射光源（如钨丝灯、碘钨灯、溴钨灯）、气体放电光源（如高压氙灯）、半导体光源（如 GaAs 发光二极管）及激光光源。前三种光源因为不像激光器那样具有良好的方向性，所以需要做成探照灯形式，即需要利用抛物面反射镜将发出的光通聚焦在沿光轴方向上。热辐射光源和气体放电光源因为同时还发射出强烈的可见光，因此在探照灯前应加有红外滤光片，使之成为对人眼隐蔽的红外辐射源。GaAs 发光二极管的辐射光谱在近红外区，所以不需专门的红外滤光片，自身的隐蔽性就很好。

（2）红外光学系统

红外光学系统主要包括物镜和目镜，位于仪器的前后两端，由目标反射回来的红外线通过物镜聚焦在变像管输入窗口的外表面上，形成看不见的红外图像。

目镜有放大作用，观察者通过目镜观察荧光屏上的目标图像。

（3）红外变像管

红外变像管是主动式红外夜视仪的心脏，其作用是将看不见的红外图像转换成清晰的可见图像，故称之为变像管。按结构材料，红外变像管分为金属结构型和玻璃结构型；按工作方法分为连续工作方式和选通工作方式。选通变像管主要用于选通成像和测距。红外变像管是高度真空的电子器件，主要由光电阴极、电子光学系统、荧光屏三个部分组成，红外变像管的性能也由这三部分所决定。

1）光电阴极

光电阴极实际上就是一层蒸镀在入射窗口内表面上的具有外光电效应的半透明薄膜，它的厚度仅有几百埃。当夜视仪物镜将目标反射来的红外辐射在光电阴极上面成像时，光电阴极就会把入射的光子转换成光电子并发射出来，完成变像管中的第一次光电转换。原则上，阴极面上发射出的电子图像的强度分布应与入射的红外图像相一致；但实际上，光电阴极自射的不均匀性、入射辐射的光谱分布和阴极光谱响应之间的失配，以及由于光电阴极自发发射电子流（通常称为暗电流）等各种因素，图像的再现性受到一定损害。

光电阴极的暗电流是指在没有入射光时，光电阴极自发发射的电子流。由于电子光学系统的作用，它同样被加速，并轰击荧光屏，形成一个均匀而微弱的"背景"亮度，从而降低目标图像的对比值，所以光电阴极应该越小越好。

暗电流的来源主要有两个：一是热电子发射，即由于阴极内部热运动而产生的发射，其发射的速率与阴极逸出功的大小成反比，与温度大小成正比，这是暗电流的主要来源；二是场致发射，即阴极表面在电场作用下所产生的发射，这种发射取决于管内电场强度的大小，当场强超过某一临界发射场强时，场致发射将是暗电流的主要来源。但在一般情况下，变像管内光电阴极处实际场强是远小于临界场强的，所以场致发射只是次要来源。

目前在红外变像管中应用最广泛的是称为 S-1 的银氧铯光电阴极，它早在 1930 年就被发现并已得到应用。几十年来，尽管人们对它进行了大量的研究工作，但在提高其灵敏度和延长其红外响应波长方面，都没有获得任何重要的进展，甚至对其物理结构、化学成分、发射机理等基本问题的研究也都没有获得满意的结论，所以它至今仍是近红外区应用最广且灵敏的光电阴极。

2）电子光学系统

电子光学系统或称电子透镜，主要有两种类型：静电透镜和磁透镜。简单地说，静电透镜的工作原理就是把电极做成不同的形状，并加以很高的电压，以形成一定分布的电场，在这种电场作用下，由阴极发射出的光电子将受到加速并按一定的轨迹聚焦成像，类似于光线通过光学透镜成像一样。大多数变像管都采用静电透镜，电极的结构通常有双圆筒系统及双球面系统两种，它们都可以形成轴对称的静电场，但双球面系统的像质较高。磁透镜由一个轴对称的静磁场再加上一个纵向的静电场构成。磁场是由绕在变像管外面的螺旋线圈所产生，其作用是使电子聚焦，而电场加在光电阴极和荧光屏间，其作用是使电子加速。磁透镜的成像性能要比静电透镜好，但由于它对电场和磁场之间的关系要求严格，并且因磁场产生的需要，其结构复杂，尺寸和重量都增大，因此仅用于天文或高质量照相等方面。

和光学透镜一样，电子光学系统也完全可以用主平面、焦平面、焦距等一系列几何光学的参数来描述成像规律，也同样可以用像差、分辨率或 MTF 来描述成像质量。

3）荧光屏

荧光屏的作用在于将由电子光学系统加速和聚焦的电子图像转换为可见光图像，完成变像管内第二次光电转换。荧光屏位于变像管输出窗口的内侧，它是由沉淀在窗口内壁的一层很薄的荧光粉层（不超过 3 微米）和蒸发在其表面上的铝膜所构成的。荧光粉是一种"阴极发光"材料，它在高速电子的轰击下，能吸收其动能使电子减速下来，并把所吸收的能量的一部分又以光的形式释放出来，形成"荧光"（其余的则以热能的形式被耗散）。铝膜的作用一方面是作为电极，另一方面又可以防止荧光屏的光向阴极反馈，使大部分光被反射出去，从而增强了光的有效输出。

荧光粉是由一些高纯度的晶体（作为基质材料），并掺有微量杂质（作为激活剂）所构成的。基质材料有硫化物、硅酸盐、氟化物、氧化物、钨酸盐和磷酸盐等。目前变像管中常用的基质材料是硫化物，常用的激活剂是铜和银。激活剂的种类和浓度影响荧光粉的发射光谱、余辉时间、发光效率等。

4）电源

电源包括低压直流电源和高压供电装置两个部分。常用直流电源有干电池、蓄电池等，它们是仪器工作的能源。高压供电装置提供变像管工作时所需的直流高压（15 ~ 25 千伏），其实际上就是一个直流变流器，作用是将蓄电池（或干电池）所提供的直流低压转换为直流高压。其工作原理如图 6 - 2 - 2 所示。

图 6 - 2 - 2　变流器工作原理

变流器的形式有两种：振子变流器和晶体管变流器。振子变流器可靠性差、转换效应低、寿命短，一般都不使用了。

2. 被动式红外夜视仪的组成

自然界中温度大于零开尔文（-273℃）的物体都会向外热辐射，且不同温度的物体所辐射出的能量也是有差异的。被动式红外系统正是基于物体的温度不同而产生不同的辐射发射率这一特性，将温差或辐射发射率差转换成人眼可辨的热图像。因此，被动式红外夜视技术亦被称为热成像技术。

热成像仪的成像方法与主动式红外夜视仪和被动式微光夜视仪不同。热成像仪是根据任何高于绝对零度的物体都能辐射红外线（电磁能量）这一物理现象，利用对中远红外辐射敏感的半导体材料制成的探测器，探测目标与背景以及目标各部分之间热辐射的温度差异，并使之成像的一种被动式夜视器材。热成像仪主要由红外光系统、红外探测器、制冷装置、电子线路、显示器五部分组成。

（1）红外光学系统

红外光学系统主要由红外物镜系统和扫描系统组成，作用是接收和传递红外辐射信号。

（2）红外探测器

红外探测器是热成像仪的核心部件，其作用是把红外光学系统的物镜接收的红外辐射转变成电信号。当前使用最多的红外探测元件有两种：一种是硫化铅、锑化铟，其主要红外相应波长在 3~5 微米；另一种是碲镉汞、碲锡铅，其主要红外相应波长在 8~14 微米。

（3）制冷装置

制冷装置的作用是降低红外探测器在工作时的温度，以提高其感光灵敏度。采用非制冷红外焦平面阵列探测器的红外热像仪，不需要制冷装置。

（4）电子线路

电子线路的作用是传递和放大由红外探测器转换出的电信号。

（5）显示器

显示器的作用是进行电变光的转换，将红外探测器转换成的电信号再转换成可见光，给观察人员提供可见图像。目前热成像仪用的显示器是发光二极管，还可以加光导摄像管进行电视显示。

6.2.3 红外夜视仪工作原理

1. 主动式红外夜视仪工作原理

主动式红外夜视仪利用本身携带的红外光源发出的红外线照射目标，从目标反射回来的红外线被仪器的物镜接收并聚焦后，照在红外变像管的光电阴极面上，形成看不见的目标红外图像；光电阴极受照后，就发射电子，照射强的部位发射出的电子数量多，照射弱的部位发射出的电子数量少，这样就把目标的红外图像转换成了电子图像；阴极发射的电子经过电子透镜的聚焦和加速，轰击变像管另一端的荧光屏使其发光；荧光屏各部位的发光亮度和电子图像中各部位的电子密度成比例，于是荧光屏又将电子图像转成可见图像。观察者通过目镜，即可以看到荧光屏上所显示的图像，即被红外线照射的景物（目标）。

主动式红外夜视仪的工作原理可以概括为光－电－光的两次转换。主动式红外夜视仪工作时，是靠本身携带的红外辐射源发射红外线照射目标，不依赖于外界的自然照度，其作用距离和观察效果也主要取决于红外辐射源的功率，受环境影响较小。其缺点是红外辐射源主动发射的红外光束极易暴露。中东战争中，埃以双方的坦克都配有红外夜视仪，其中许多坦克就是由于使用了红外探照灯，被对方用被动式红外夜视仪发现而被击毁。

2. 被动式红外夜视仪工作原理

热成像仪的红外光学系统接收目标景物的红外辐射聚焦于红外探测器上，探测器与扫描系统（光机扫描、电子束扫描或固体自扫描）共同作用，把二维分布的红外辐射转换为按时序排列的一维电信号（视频信号），经过后续处理，变成可见光图像显示出来。热成像仪的基本工作原理也是光－电－光两次转换过程。

由于热成像仪是利用物体自身辐射的红外线进行工作的，其工作方法是完全被动的，所以，不易被对方发现和干扰。同时由于热辐射在大气中的传输能力强，使热像仪无论白天、黑夜都有透过雾、霾、雨、雪、烟幕和尘埃进行观察的能力，尤其适合夜间观察。它是 24 小时基本能工作的设备。

热成像仪的作用距离比较远。一般来说，用于头盔上和轻武器上的热像仪，可要看清 800 米以上的人体，瞄准射击的作用距离约 2 ~ 3 千米；用于舰船上进行水面观察时，作用距离可达 10 千米；用于对空监视时，作用距离可达 20 千米。

热成像仪具有良好的探测能力，容易探测伪装和隐藏在树木、草丛或阴影后面的人或武器装备，也能在强光（如炮口火焰或照明弹）直接照射下发现目标，这是微光夜视设备无法实现的。

此外，与雷达相比，热成像仪尺寸小、重量轻、分辨率高、识别目标能力强，适于高精确率跟踪侦察，并能有效地对付低空高速目标，所以，它已成为现代军队的重要侦察装备。但是，热成像仪由于是利用温差成像，而一般目标的温差都不大，所以热像的对比度低，即图像模糊，分辨细节的能力差。

6.2.4　典型头盔式红外夜视装备

微光夜视仪容易受天气的影响，雨、雪、雾、霾、沙尘都会使其失效，红外夜视仪呈现图像缺少细节，很难分辨被观察对象的具体特征，所以随着夜视技术的进步，红外热成像仪和微光夜视仪实现合二为一，典型的装备如 AN/PSQ – 20 红外微光融合夜视镜系列。

ITT 公司生产的 AN/PSQ – 20 红外微光融合夜视镜系列产品包括 AN/PSQ – 20，AN/PSQ – 20A，AN/PSQ – 20B，是一种微光 – 红外图像融合、头盔式单目夜视镜，可以头戴使用，也可作为手持热像仪使用，还可以用作轻武器瞄准和射击。装备单兵，用于在昼夜和低能见度条件下，观察和识别目标，通过增强信息获取能力提高作战能力。

2008 年，美军开始订购 AN/PSQ – 20 型增强型夜视镜，AN/PSQ – 20 型增强型夜视镜进入低速初始生产。2009 年，约 300 套 AN/PSQ – 20 型装备美国陆军第 10 山地步兵师。2010 年 ITT 公司竞标获得第二轮增强型夜视镜——增强型夜视镜持续改进（Spiral ENVG）的发展合同。2010 年，美军开始订购改进增强型夜视镜。

AN/PSQ – 20 型增强型夜视镜如图 6 – 2 – 3 所示，主要由微光 – 热成像单元、电池盒和头盔安装架组成。

图 6 – 2 – 3　AN/PSQ – 20 型增强型夜视镜

AN/PSQ – 20 型增强型夜视镜的主要技术特点包括以下几个方面：一是采用微光 – 红外双波段、光 – 机 – 电一体化的紧凑设计，微光夜视部分采用 16 毫米第三代像增强器和单目镜观察组件共光轴设计，热成像部分采用非制冷型 320 × 240 焦平面探测器，实现热成像与微光图像光学融合；二是 4 节 AA 型电池可供 2.5 小时持续工作；三是不使用 AN/PSQ – 20 型增强型夜视镜时，固定在安装架上的微光 – 热成像单元可以转动 90°再向上翻；四是以 50%的概率可以识别 300 米距离的人，以 80%的概率可以识别 150 米距离的人，作用距离与突击步枪的有效射程相当。图 6 – 2 – 4 是 AN/PSQ – 20 型增强型夜视镜的微光图像（左）和微光 – 长波红外融合图像（右）的对比，由于以树林为背景的两个人穿着伪装服，因此在微光图像中看不见，但两个人在长波红外图像中则清晰可见。

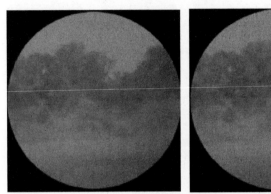
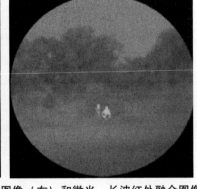

图 6 – 2 – 4　AN/PSQ – 20 型增强型夜视镜的微光图像（左）和微光 – 长波红外融合图像（右）的对比

ITT 公司已向美国陆军交付 2400 套 AN/PSQ – 20 型增强型夜视镜，今后还将交付 6500 套。此外，超级增强型夜视镜被英国、加拿大、澳大利亚和日本等国家订购。

AN/PSQ – 20 红外微光夜视融合增强型夜视镜的主要性能参数如表 6 – 2 – 1 所示。

表 6 – 2 – 1　AN/PSQ – 20 红外微光夜视融合增强型夜视镜的主要性能参数

性能参数	AN/PSQ – 20 ENVG	AN/PSQ – 20A Super ENVG	AN/PSQ – 20B Spiral ENVG
光谱响应波段/微米	可见光 ~0.9（微光） 8 ~12（长波红外）	可见光 ~0.9（微光） 8 ~12（长波红外）	—
微光图像增强器/毫米	φ16	φ18	—
红外探测器	非制冷 320 ×240 氧化钒焦平面探测器组件	非制冷 320 ×240 氧化钒焦平面探测器组件	
成像方式	凝视成像		
调焦范围/米	0.46 ~∞		
图像融合方式	光学融合		数字融合
识别距离/米	300（50%概率） 150（80%概率）	300（50%概率） 150（80%概率）	300（50%概率） 150（80%概率）
电池	4 节 AA 型电池		3 节 AA 型电池

续表

性能参数	AN/PSQ – 20 ENVG	AN/PSQ – 20A Super ENVG	AN/PSQ – 20B Spiral ENVG
质量/克	< 1 000		
环境适应性	满足 MIL – STD – 810G		

6.3　图像处理技术

微光或红外探测器直接探测的图像在很多情况下是模糊或不可见的，需要通过图像处理技术将模糊甚至不可见的图像变得清晰，达到目标识别的目的。因为图像采集的手段和方法日新月异地发展，所以图像的种类很多，视觉质量各不相同，对图像进行处理的技术也有许多种。常用的处理技术主要有图像增强技术和图像融合技术。

6.3.1　图像增强技术

图像增强是一种基本的图像预处理手段。图像增强的主要目的是对一幅给定的图像，经过处理后，突出图像中的某些信息，削弱或除去某些不需要的信息，使结果对某种特定应用来说比原图像更适合。它并不意味着能增加原始图像的信息，甚至有时会损失一些信息，但图像增强的结果却能加强对特定信息的识别能力，使图像中我们感兴趣的特征得以加强。

1. 图像增强分类

图像增强分为三大类别，分别是点增强、空域增强和频域增强。

点增强主要指图像灰度变换和几何变换。图像的灰度变换也称点运算、对比度增强或对比度拉伸。灰度变换是一种既简单又重要的技术，它能让用户图像数据占据的灰度范围变化。灰度变换不会改变图像内的空间关系。图像的几何变换可以实现图像最基本的坐标变换及缩放功能。

空域增强是改变图像空间信息的图像增强技术。图像的空间信息可以反映图像中物体的位置、形状、大小等特征，而这些特征可以通过一定的物理模式来描述。根据需要可以分别增强图像的高频和低频特征。对图像的高频增强可以突出物体的边缘轮廓，从而起到锐化图像的作用。相应地，对图像的低频部分进行增强可以对图像平滑处理，一般用于图像的噪声处理。

频域增强技术是在数字图像的频域空间对图像进行滤波，因此需要将图像从空间域变换为频率域，一般通过傅里叶变换实现。在频域空间的滤波与空域滤波一样可以通过卷积实现，因此傅里叶变换和卷积理论是频域滤波技术的基础。

2. 图像增强方法

（1）灰度变换增强

灰度变换增强是按某种规律改变灰度图像中各个像素的灰度。具体来说，设原始图像在 (x, y) 处的灰度为 f，而改变后图像在 (x, y) 处的灰度为 g，则对图像的增强可表述为将

在 (x, y) 处的灰度 f 映射为 g 的操作。在很多情况下，f 和 g 的取值范围是一样的，下面设 f 和 g 的取值范围均在 $[0, L-1]$ 中，L 为图像的灰度级数。对于不同的灰度 f，可以根据不同的规则将其映射为 g，这些规则仅有时可写成解析式子，所以常用函数曲线（称为变换曲线）来表示。灰度变换又可以分为线性变换、分段线性变换、非线性变换。

线性变换是将原图灰度值翻转，简单来说就是使黑变白，使白变黑。其变换曲线如图 6-3-1（a）所示，原来具有接近 $L-1$ 的较大灰度的像素在变换后其灰度接近 0，而原来较暗的像素变换后成为较亮的像素。普通黑白底片和照片的关系就是这样。

分段线性变化是通过加大图像中各部分之间的反差（灰度差别）来进行增强。具体操作中，当 f 和 g 的取值范围一样时，往往是通过增加原图中某两个灰度值间的动态范围来实现的。一个典型的对比度拉伸曲线（这里是一条折线）如图 6-3-1（b）所示。可以看出，通过这样一个变换，原图中灰度值在 $0 \sim f_1$ 以及 $0 \sim L-1$ 的动态范围减小了，而原图中灰度值在 $f_1 \sim f_2$ 的动态范围增加了，从而这个范围内的对比度增强了。实际中 f_1，f_2，g_1，g_2 可取不同的值进行组合，从而得到不同的效果。

非线性变换的目标与分段线性变化相反。有时原图的动态范围太大，超出某些设备允许的显示范围，这时如果直接使用原图灰度进行显示，则一部分细节可能丢失。解决的办法是对原图进行动态范围压缩。一种常用的方法是借助对数形式的变换，如图 6-3-1（c）中所示。由图可见，大部分的 f 值会被映射到接近 $L-1$ 的灰度范围，如果只取 g 的这部分灰度显示，就达到了压缩动态范围的目的。

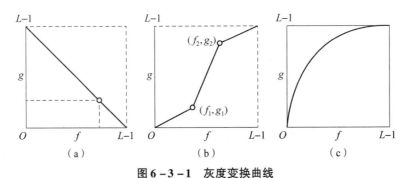

图 6-3-1　灰度变换曲线

（a）线性变换曲线；（b）分段线性变换曲线；（c）非线性变换曲线

（2）直方图变换增强

直方图变换增强是借助对图像直方图的变换实现灰度映射从而增强图像的方法，分为直方图均衡化增强和直方图规定化增强。

直方图均衡化的基本思想是把原始图像的直方图变换为均匀分布的形式，这样就增加了像素灰度值的动态范围，从而可达到增强图像整体对比度的效果。

直方图规定化是通过将原始图像的直方图转换为某种期望的直方图，从而获得预先确定的增强效果。

直方图均衡化的优点是能自动地增强整个图像的对比度，但它的具体增强效果不易控制，处理的结果总是得到全局均衡化的直方图。实际中有时需要变换直方图使之成为某个特定的形状，以便有选择地增强某个灰度值范围内的对比度，这时可以采用比较灵活的直方图规定化方法。一般来说，通过正确地选择规定化的增强函数，有可能获得比直方图均衡化更好的效果。

（3）空域卷积增强

在图像空间中，除了对整幅图逐像素进行处理，也可考虑对图像中一个区域中的像素结合起来进行处理。根据结合方式的不同，将可获得不同的增强效果。

图像中一个区域中的像素常表示成一个中心像素和其近邻像素的集合。在邻域中的处理主要以模板（样板、窗和滤波器也常用来代表模板）运算的形式实现。模板运算的方法是在图像处理中将赋予某个像素的值作为它本身灰度值和其邻域中像素灰度值的函数。在对模板进行设计时，可利用空间占有数组来表达图像，通过对数组单元取不同的值来达到不同的运算目的。

当模板对称时，前述相乘并相加的运算就是卷积运算。空域滤波就是在图像空间借助模板进行卷积操作完成的，根据其特点一般可分成线性和非线性两类。另外，各种空域滤波器根据功能又主要分成平滑（消除噪声或模糊图像，以便在提取较大的目标前去除太小的细节或将目标内的小间断连接起来）和锐化（增强图像中的边缘细节）两类。结合这两种分类法，可将空间滤波增强方法分成线性空域滤波和非线性空域滤波。

实现线性平滑滤波的模板中的所有系数都是正的。对于 3×3 的模板来说，最简单的方法是取所有系数都为 1。为保证输出图像仍在原来的灰度值范围内，在算得结果后要将其除以 9 再进行赋值。这种方法也称作邻域平均，相当于一个积分运算。

平滑滤波在消除噪声的同时会将图像中的一些细节模糊掉。如果既要消除噪声又要保持图像的细节，可以使用中值滤波，实现一种非线性的平滑滤波。

（4）频域滤波增强

频域图像增强首先通过傅里叶变换将图像从空间域转换成频率域，然后在频率域对图像处理，最后通过傅里叶变换将图像转换为空间域。频率域内图像增强包括低通滤波、高通滤波等。

低通滤波的功能是减弱或消除高频分量而保留低频分量，可消除噪声但会使图像产生模糊。

高通滤波的功能是减弱或消除低频分量而保留高频分量，可增强图像中的边缘而使图像中区域的轮廓明显。

频域带通和带阻滤波的共同特点都是允许一定频率范围内的信号通过而阻止其他频率范围内的信号通过，可看作低通和高通滤波器的推广，只要调整带通或带阻滤波器的截止频率，都可取得低通和高通滤波器的效果。

6.3.2　图像融合技术

图像融合技术是用特定的算法将两幅或多幅图像综合成一幅新的图像。由于图像融合能利用两幅（或多幅）图像在时空上的相关性及信息上的互补性，所以融合后得到的图像对场景有更全面、清晰的描述，更有利于人眼的识别和机器的自动探测。

图像融合技术在目标探测、安全导航、医学图像分析、反恐检查、环境保护、交通监测、清晰图像重建、灾情检测与预报，尤其在计算机视觉等领域都有着重大的应用价值。用于较多也较成熟的是红外和可见光的融合，在一幅图像上显示多种信息，突出目标。

1. 图像融合层级

一般情况下，图像融合由低到高分为信号级图像融合、像素级图像融合、特征级图像融合和决策级图像融合。

信号级图像融合是在最底层对未经处理的传感器输出在信号域进行混合，产生一个融合后的信号。融合后的信号与源信号形式相同但品质更好，来自传感器的信号可建模为混有不同相关噪声的随机变量。此种情况下，融合可以考虑为一种估计过程，信号级图像融合在很大程度上是信号的最优集中或分布检测问题，对信号时间和空间上的配准要求最高。

像素级图像融合是最基本的图像融合，经过像素级图像融合以后得到的图像具有更多的细节信息，如边缘、纹理的提取，有利于图像的进一步分析、处理与理解，还能够把潜在的目标暴露出来，利于判断识别潜在的目标像素点的操作，这种方法可以尽可能多地保存源图像中的信息，使得融合后的图片不论是内容还是细节都有所增加，这个优点是独一无二的，仅存在于像素级融合中。但像素级图像融合的局限性也是不能忽视的，由于它是对像素点进行操作，所以计算机就要对大量的数据进行处理，处理时所消耗的时间会比较长，不能够及时地将融合后图像显示出来，无法实现实时处理；在进行数据通信时，信息量较大，容易受到噪声的影响；如果没有将图片进行严格的配准就直接参加图像融合，会导致融合后的图像模糊，目标和细节不清楚、不精确。

特征级图像融合是从源图像中将特征信息提取出来，这些特征信息是观察者对源图像中目标或感兴趣的区域，如边缘、人物、建筑或车辆等信息，然后对这些特征信息进行分析、处理与整合，从而得到融合后的图像特征。对融合后的特征进行目标识别的精确度明显地高于源图像的精确度。特征级图像融合对图像信息进行了压缩，再用计算机分析与处理，所消耗的内存和时间与像素级图像融合相比都会减少，所需图像的实时性就会有所提高。特征级图像融合对图像匹配的精确度的要求没有信号级那么高，计算速度也比信号级快，可是它提取图像特征作为融合信息，所以会丢掉很多的细节性特征。

决策级图像融合是以认知为基础的方法，它不仅是最高层次的图像融合方法，抽象等级也是最高的。决策级图像融合是有针对性的，根据所提问题的具体要求，将来自特征级图像融合所得到的特征信息加以利用，然后根据一定的准则以及每个决策的可信度（目标存在的概率）直接做出最优决策。决策级图像融合的计算量是最小的，可是这种方法对前一个层级有很强的依赖性，得到的图像与像素级、特征级图像融合方法相比不是很清晰。决策级图像融合实现起来比较困难，但图像传输时噪声对它的影响最小。

综上，研究和应用最多的是像素级图像融合，目前提出的绝大多数的图像融合算法均属于该层次上的融合。图像融合狭义上指的就是像素级图像融合。红外和可见光的融合很多文献都是从像素级入手，基于已有的融合算法，根据实际情况，来设立融合规则，得到适合实际应用场景的融合图像。

2. 图像融合方法

像素级融合也称数据级融合，是指直接对传感器采集来的数据进行处理而获得融合图像的过程，它是高层次图像融合的基础，也是图像融合研究的重点之一。这种融合的优点是保持尽可能多的现场原始数据，提供其他融合层次所不能提供的细微信息。像素级融合中有空间域算法和变换域算法，空间域算法中又有多种融合规则方法，如逻辑滤波法、灰度加权平均法、对比调制法等；变换域中又有金字塔分解融合法、小波变换法，其中小波变换法是当前最重要最常用的方法。

（1）基于非多尺度变换的图像融合方法

非多尺度主要包括加权平均方法、像素灰度值选大（或小）的图像融合方法、基于 PCA 的图像融合方法等。

1）加权平均方法

加权平均方法将源图像对应像素的灰度值进行加权平均，生成新的图像，它是最直接的融合方法。其中平均方法是加权平均的特例。使用平均方法进行图像融合，提高了融合图像的信噪比，但削弱了图像的对比度，尤其对于只出现在其中一幅图像上的有用信号。加权平均的图像融合方法以两幅源图像的融合为例，假设有两幅图像 A，B，大小均为 $M \times N$。对于三幅以上融合的情况，原理类似。F 为融合的结果，该方法可以由式（6-3-1）实现：

$$F(m,n) = \omega_1 A(m,n) + \omega_2 B(m,n) \qquad (6-3-1)$$

式中：加权系数 $\omega_1 + \omega_2 = 1$。

加权平均法的优点是算法简单，实时处理性强，融合速度很快。缺点是加权平均后的融合图像的灰度值差异很大，可以看到图像间有明显的拼接痕迹，也不利于后续的目标检测与识别等处理。

2）像素灰度值选大（或小）的图像融合方法

假设参加融合的两幅源图像分别为 A、B，图像大小分别为 $M \times N$，融合图像为 F，则针对源图像 A、B 的像素灰度值选大（或小）图像融合方法可用式（6-3-2）表示为：

$$F(m,n) = \max(\text{or min})\{A(m,n), B(m,n)\} \qquad (6-3-2)$$

式中：m 为图像中像素的行号；n 为图像中像素的列号。

在融合处理时，比较源图像 A、B 中对应位置 (m, n) 处像素灰度值的大小，以其中灰度值大（或小）的像素作为融合图像 F 在位置 (m, n) 处的像素。这种融合方法只是简单地选择源图像中灰度值大（或小）的像素作为融合后的像素，对待融合的像素进行灰度增强（或减弱），因此该方法的适用场合非常有限。

3）基于 PCA 的图像融合方法

基于 PCA 的图像融合方法首先用三个或以上波段数据求得图像间的相关系数矩阵，由相关系数矩阵计算特征值和特征向量，再求得各主分量图像；然后将高空间分辨率图像数据进行对比度拉伸，使之与第一主分量图像数据集具有相同的均值和方差；最后拉伸后的高空间分辨率图像代替第一主分量，将它与其他主分量经 PCA 逆变换得到融合图像。

基于 PCA 的图像融合方法的优点在于它适用于多光谱图像的所有波段；不足之处是只用高分辨率图像来简单替换低分辨率图像的第一主成分，会损失低分辨率图像第一主成分中的一些反映光谱特性的信息，不考虑图像各波段的特点是基于 PCA 的图像融合方法的致命缺点。

4）基于调制的图像融合方法

借助通信技术的思想，调制技术在图像融合领域也得到了一定的应用，并在某些方面具有较好的效果。基于调制的图像融合方法一般用于两幅图像的融合处理，具体操作是：首先将一幅图像进行归一化处理；然后将归一化的结果与另一图像相乘；最后重新量化后进行显示。用于图像融合上的调制技术一般可分为对比度调制技术和灰度调制技术。

5）非线性方法

将配准后的源图像分为低通和高通两部分，自适应地修改每一部分，然后再把它们融合成复合图像。

6）颜色空间融合方法

颜色空间融合方法的原理是利用图像数据表示成不同的颜色通道。简单的做法是把来自不同传感器的每幅源图像分别映射到一个专门的颜色通道，合并这些通道得到一幅假彩色融合图像。该类方法的关键是如何使产生的融合图像更符合人眼视觉特性及获得更多有用信息。文献研究表明，通过彩色映射进行可见光和红外图像的融合，能够提高融合结果的信息量，有助于提高检测性能。

7）最优化方法

最优化方法为场景建立一个先验模型，把融合任务表达成一个优化问题，包括贝叶斯最优化方法和马尔可夫随机场方法。贝叶斯最优化方法的目标是找到使先验概率最大的融合图像。有人提出了一个简单的自适应算法估计传感器的特性与传感器之间的关系，以进行传感器图像的融合；也有人提出了基于图像信息模型的概率图像融合方法。马尔可夫随机场方法把融合任务表示成适当的代价函数，该函数反映了融合的目标，模拟退火算法被用来搜索全局最优解。

8）人工神经网络方法

受生物界多传感器融合的启发，人工神经网络也被应用于图像融合技术中。神经网络的输入向量经过一个非线性变换可得到一个输出向量，这样的变换能够产生从输入数据到输出数据的映射模型，从而使神经网络能够把多个传感器数据变换为一个数据来表示。由此可见，神经网络以其特有的并行性和学习方式，提供了一种完全不同的数据融合方法。然而，要将神经网络方法应用到实际的融合系统中，无论是网络结构设计还是算法规则方面，都有许多基础工作有待解决，如网络模型、网络的层次和每一层的节点数、网络学习策略、神经网络方法与传统的分类方法的关系和综合应用等。目前应用于图像融合有三种网络：双模态神经元网络、多层感知器、脉冲耦合神经网络（PCNN）。

（2）基于多尺度变换的图像融合方法

基于多尺度变换的图像融合方法是像素级图像融合方法研究中的一类重要方法。基于多尺度变换的融合方法的主要步骤为：对源图像分别进行多尺度分解，得到变换域的一系列子图像；采用一定的融合规则，提取变换域中每个尺度上最有效的特征，得到复合的多尺度表示；对复合的多尺度表示进行多尺度逆变换，得到融合后的图像。该方法框图如图 6 -3 -2 所示。

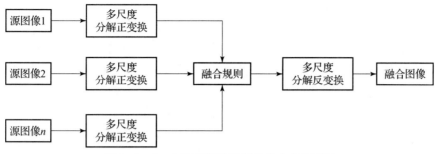

图6-3-2　多尺度变换的图像融合方法框图

1）基于金字塔变换的图像融合方法

最早提出的是基于拉普拉斯金字塔变换的融合方法，该方法使用拉普拉斯金字塔和基于像素最大值的融合规则进行人眼立体视觉的双目融合，实际上该方法是选取了局部亮度差异较大的点。基于拉普拉斯金字塔变换的融合方法框图如图6-3-3所示，这一过程粗略地模拟了人眼双目观察事物的过程。用拉普拉斯金字塔得到的融合图像不能很好地满足人类的视觉心理。比率低通金字塔和最大值原则被用于可见光和红外图像的融合。比率低通金字塔虽然符合人眼的视觉特征，但由于噪声的局部对比度一般较大，基于比率低通金字塔的融合算法对噪声比较敏感，且不稳定。为了解决这一问题，研究人员提出了基于梯度金字塔变换的融合方法，该方法采用了匹配与显著性测度的融合规则。与梯度金字塔算法相比，它能够提取出更多的细节信息。研究人员还提出了一种基于形态学金字塔变换的图像融合方法。基于金字塔变换融合方法的优点是可以在不同空间分辨率上有针对性地突出各图像的重要特征和细节信息，相对于简单图像融合方法，融合效果有明显的改善。其缺点是图像的金字塔分解均是图像的冗余分解，即分解后各层间数据有冗余；同时在图像融合中高频信息损失大，在金字塔重建时可能出现模糊、不稳定现象；拉普拉斯金字塔变化没有方向性。

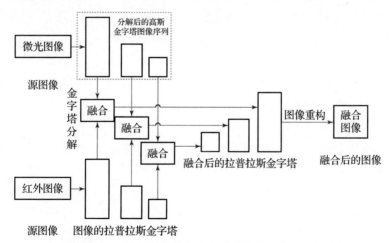

图6-3-3　基于拉普拉斯金字塔变换的融合方法框图

2）基于小波变换的图像融合方法

小波变换技术具有许多其他时（空）频域所不具有的优良特性，如方向选择性、正交性、可变的时频域分辨率、可调整的局部支持以及分析数据量小等。这些优良特性使小波变换成为图像融合的一种强有力的工具。而且，小波变换的多尺度变换特性更加符合人类的视觉机制，与计算机视觉中由粗到细的认知过程更加相似，更适于图像融合。

基于小波变换的图像融合方法的基本步骤为：对每一幅源图像分别进行小波变换，建立图像的小波金字塔分解；对各分解层从高到低分别进行融合处理，各分解层上的不同频率分量可采用不同的融合规则进行融合处理，最终得到融合后的小波金字塔；对融合后所得的小波金字塔进行小波逆变换，所得重构图像即为融合图像。基于小波变换的图像融合方法框图如图 6-3-4 所示。

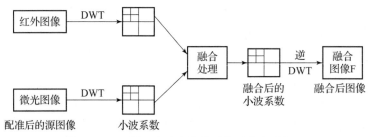

图 6-3-4 基于小波变换的图像融合方法框图

3）基于脊波（Ridgelet）变换的图像融合方法

当小波变换推广到二维或更高维时，由一维小波张成的可分离小波只有有限的方向，不能最优表示含线或者面奇异的高维函数。因此，小波只能反映信号的点奇异性（零维），而对诸如二维图像中的边缘以及线状特征等线、面奇异性（一维或更高维），小波则难以表达其特征。针对小波变换的不足，提出了一种适合分析一维或更高维奇异性的脊波变换。脊波变换用于图像融合的意义在于：脊波变换通过 Radon 变换把图像中线特征转换成点特征，然后通过小波变换将点的奇异性检测出来。其处理过程克服了小波仅能反映"过"边缘的特征，而无法表达"沿"边缘的特征的问题。脊波变换继承了小波变换的空间域和频率域局部特性。脊波变换具有很强的方向性，可以有效地表示信号中具有方向性的奇异性特征，如图像的线性轮廓等，为融合图像提供更多的信息。脊波变换较小波变换具有更好的稀疏性，克服了小波变换中传播重要特征在多个尺度上的缺点，变换后能量更加集中，所以在融合过程中抑制噪声的能力也比小波变换更强。因此将脊波变换引入图像融合，能够更好地提取源图像的特征，为融合图像提供更多的信息。

4）基于曲线波（Curvelet）变换的图像融合方法

曲线波变换是由脊波变换演变而来的。脊波变换对含有直线奇异的多变量函数有很好的逼近效果，能稀疏地表示包含直线边缘的分片平滑图像。但是对于含有曲线奇异的图像，脊波变换的逼近性能只与小波变换相当。由于多尺度脊波分析冗余度很大，研究人员提出了曲线波变换理论，即第一代曲线波变换。其基本思想是：首先对图像进行子带分解；然后对不同尺度的子带图像采用不同大小的分块；最后对每个块进行脊波变换。由于曲线波结合了脊波变换的各向异性和小波变换的多尺度特点，它的出现对于二维信号分析具有里程碑式的意义，也开始被应用于图像融合。由于第一代变换的数字实现比较复杂，需要子带分解、平滑分块、正规化和脊波分析等系列步骤，且曲线波金字塔的分解也带来了巨大的数据冗余量，研究人员又提出了实现更简单、更便于理解的快速曲线波变换算法，即第二代曲线波变换。

第二代曲线波与第一代在构造上已经完全不同：第一代的构造思想是通过足够小的分块将曲线近似到每个分块中的直线来看待，然后利用局部的脊波分析其特性；第二代曲线波与脊波理论并没有关系，实现过程也无须用到脊波，两者之间的相同点仅在于紧支撑、框架等抽象的数学意义。

6.4　探测与采集技术发展建议

单兵数字化头盔探测与采集技术发展方向的确定，一方面要考虑技术性能，在基础性的技术方向上深入研发；另一方面也要考虑技术在战场特定环境下的稳定性和可靠性，需要最大化地综合利用现有成熟的技术积累，同时兼顾我国在相关领域的产业和技术发展优势。

对于单兵数字化头盔，红外和微光仍然是夜视探测技术的主流，其核心器件是红外探测器和微光像增强器。但是，目前我国的夜视技术与美国等技术发达国家存在较大的差距，新一代微光技术、红外技术属于技术发达国家对我国严密封锁的技术之列，不可能通过引进国外的先进夜视技术提高我军的夜视探测能力。因此要加大基础性研究，突破夜视的关键技术，推动夜视核心器件的技术创新，在提高战术技术性能的同时尽可能减小体积、功耗以及成本，使其获得更加广泛的应用。单兵数字化头盔与红外夜视技术、微光夜视技术的结合，要充分运用比较成熟的技术，重点关注夜视系统与头盔整体的组装结构，以及夜视系统和其他组件安装的协调，同时考虑到昼夜状态的切换；对于红外探测技术还可以根据应用场景不同，采取单目和双目的成像系统、主动和被动探测的不同模式，加载相应的红外探测器、红外摄像机，以实现最大的探测效果和隐蔽效果协调。

战场环境复杂多变，单一探测技术会存在某些缺陷，因此单兵数字化头盔探测与采集技术应重点发展融合夜视技术及其装备。融合夜视技术将多个工作在不同波段的夜视传感器组合在一起，并通过信息融合技术生成高分辨率融合图像，从而获得对战场环境或目标更清楚的感知。数字融合夜视技术可以更灵活地获取清晰的战场图像，能够更好地适应战场形势变化，代表着未来夜视探测技术的主要发展方向。数字融合夜视技术本质是算法的优化，要加强图像融合的算法研究，开发出能够快速而准确的算法，以获取更加清晰的彩色图像或视频，增强场景理解，有利于在伪装的军事背景下更快、更准确地探测目标。

单兵数字化头盔探测与采集系统除了具有夜视探测基本功能，还应该与单兵其他装备集成与融合，可发展与可见光、激光、卫星定位、数字指北针、通信等功能模块组合或集成，实现成像、测距、定位、计算通信融合等复杂的单兵光电系统，使单兵具有更全面和更精确的探测能力，全面提高单兵综合作战系统的作战效能。

参 考 文 献

[1] 侯宁波. 基于人性化基础上的军用头盔设计 [D]. 成都：西南交通大学，2013.

[2] 李健，严美，爱唐，等. 各国数字化单兵作战系统研究 [Z]. 北京：知远战略与防务研究所，2012.

[3] 丁全心. 机载瞄准显示系统 [M]. 北京：航空工业出版社，2015.

[4] 王丽娟. 平板显示技术基础 [M]. 北京：北京大学出版社，2013.

[5] R. P. G. Collinson. 航空电子系统导论 [M]. 3 版. 北京：国防工业出版社，2013.

[6] 王蕴琦. 沉浸式头戴显示光学系统关键技术研究 [D]. 长春：中国科学院长春光学精密机械与物理研究所，2018.

[7] 李华. 头盔显示器光学系统关键技术研究 [D]. 长春：中国科学院长春光学精密机械与物理研究所，2015.

[8] 徐越，范君柳，孙文卿，等. 基于全息波导的增强现实头盔显示器研究进展 [J]，激光杂志，2019（01）：11 - 16.

[9] 程鑫. 头盔显示系统中全息波导技术研究 [D]. 合肥：合肥工业大学，2018.

[10] 庄春华，王普. 虚拟现实技术及其应用 [M]. 北京：电子工业出版社，2010.

[11] 王涌天，程德文，许晨，等. 虚拟现实光学显示技术 [J]. 中国科学，2016（12）：1695 - 1702.

[12] 邬勇. 机载头盔瞄准/显示器光学系统的研究 [D]. 南京：南京航空航天大学，2003.

[13] 赵逢元. 护目镜双目显示光学系统研究 [D]. 南京：南京理工大学，2014.

[14] 卢仁甫. 基于 VEGA 平台的虚拟现实技术的研究 [D]. 武汉：华中师范大学，2006.

[15] 刘澍鑫. 基于液晶器件的增强现实显示 [D]. 上海：上海交通大学，2020.

[16] 孙路通. 基于自由曲面的头盔显示器设计 [D]. 长春：中国科学院长春光学精密机械与物理研究所，2020.

[17] 李永斌，周光辉. 基于增强现实显示技术的研究 [J]. 电信快报，2020（7）：32 - 34.

[18] 郭功剑. 数字头盔显示及其关键技术研究 [D]. 杭州：浙江大学，2010.

[19] 赵方文. 头盔显示器（HMDs）工业设计研究 [D]. 南京：东南大学，2016.

[20] 葛磊. 虚拟现实场景交互系统的设计与实现 [D]. 北京：北京邮电大学，2018.

[21] 刘曩. 彩色全息波导显示系统中的关键技术研究 [D]. 南京：东南大学，2019.

[22] 闫占军. 机载光波导平视显示技术研究 [D]. 重庆：中国科学院重庆绿色智能技术研

究院，2020.

[23] 严利民. 硅基有机发光二极管微显示器的驱动技术研究［D］. 上海：上海大学，2014.

[24] 杨丹. 集成蓝光激基复合物的有机发光二极管（OLED）初步研究［D］. 长春：吉林大学，2015.

[25] 张雪英，贾海蓉. 语音与音频编码［M］. 西安：西安电子科技大学出版社，2011.

[26] 姜囡. 语音信号识别技术与实践［M］. 沈阳：东北大学出版社，2019.

[27] 黎洪松，陈冬梅. 数字视频与音频技术［M］. 北京：清华大学出版社，2011.

[28] 冯志鸿. 耳机主动降噪技术的分析与研究［J］. 数字技术与应用，2019（3）：114 - 115.

[29] 谷奇. 制冷红外与微光融合侦察技术——超长作用距离微光成像系统［D］. 北京：北京理工大学，2015.

[30] 邸旭，杨进华，韩文波，等. 微光与红外成像技术［M］. 北京：机械工业出版社，2012.

[31] 章毓晋. 图像处理和分析技术［M］. 北京：高等教育出版社，2014.

[32] 陈天华. 数字图像处理［M］. 北京：清华大学出版社，2007.

[33] 尚磊. 红外成像系统关键技术研究与实践［D］. 西安：西安电子科技大学，2013.

[34] 刘莹. 红外成像仪中图像增强算法的研究［D］. 长春：吉林大学，2007.

[35] 张泌华. 侦察技术装备与战术运用［M］. 北京：解放军出版社，1994.

[36] 唐永滋. 美军微光夜视技术的发展及装备应用［J］. 云光技术，2020（2）：6 - 13.

[37] 李金平，王云，张洋. 微光夜视技术的发展现状及民用领域拓展［J］. 中国军转民，2016（10）：71 - 74.

[38] 郭晖，向世明，田民强. 微光夜视技术发展动态评述［J］. 红外技术，2013（2）. 63 - 67.

[39] 张琼琼. 基于视觉的增强现实三维注册技术研究［D］. 西安：西安电子科技大学，2019.

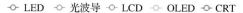

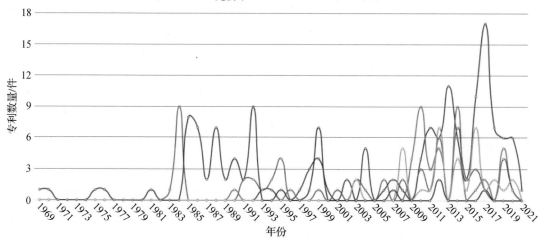

图2-3-6 头盔视频显示技术专利申请数量

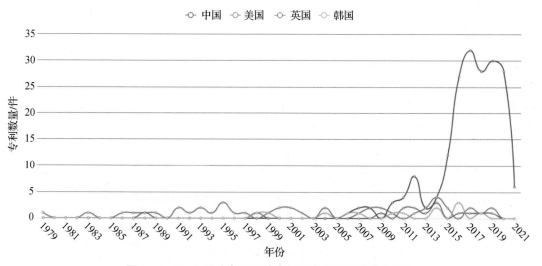

图2-3-9 四国头盔显示技术相关专利的申请数量对比

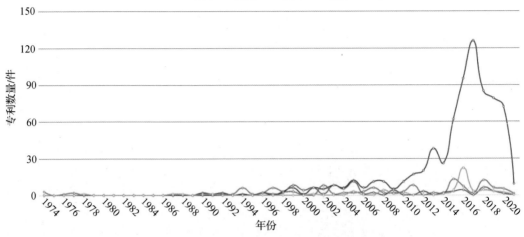

图 2 - 3 - 15　四国音频系统技术专利申请数量对比

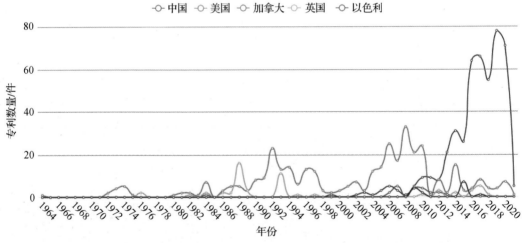

图 2 - 3 - 20　五国探测与采集技术专利申请数量对比